室内设计师.**43**
INTERIOR DESIGNER

编委会主任　崔恺
编委会副主任　胡永旭

学术顾问　周家斌

编委会委员　　　　　　　　　　　　　　　　　　支持单位
王明贤　王琼　王澍　叶铮　吕品晶　刘家琨　吴长福　　上海天恒装饰设计工程有限公司　北京八番竹照明设计有限公司
余平　沈立东　沈雷　汤桦　张雷　孟建民　陈耀光　郑曙旸　上海泓叶室内设计咨询有限公司　内建筑设计事务所
姜峰　赵毓玲　钱强　高超一　崔华峰　登琨艳　谢江　　杭州典尚建筑装饰设计有限公司

海外编委
方海　方振宁　陆宇星　周静敏　黄晓江

主编　徐纺
艺术顾问　陈飞波

责任编辑　徐纺　徐明怡　李威　王瑞冰
美术编辑　卢玲

协作网络　ABBS 建筑论坛 www.abbs.com.cn
筑龙网 www.zhulong.com

图书在版编目 (CIP) 数据

室内设计师. 43，展示空间 / 《室内设计师》编委
会编 .—北京 : 中国建筑工业出版社，2013.9
　ISBN 978-7-112-15872-0

　Ⅰ. ①室… Ⅱ. ①室… Ⅲ. ①室内装饰设计 – 丛刊
Ⅳ. ① TU238-55

　中国版本图书馆 CIP 数据核字 (2013) 第 221464 号

室内设计师　43
展示空间
《室内设计师》编委会　编
电子邮箱 : ider2006@qq.com
网　　址 : http://www.idzoom.com

中国建筑工业出版社出版、发行 (北京西郊百万庄)
各地新华书店、建筑书店 经销
上海利丰雅高印刷有限公司 制版、印刷

开本 : 965×1270 毫米　1/16　印张 : 11½　字数 : 460 千字
2013 年 9 月第一版　2013 年 9 月第一次印刷
定价 : 40.00 元
ISBN978－7－112－15872－0
　　　(24650)

目录

CONTENTS
VOL. 43

震不倒的杰作

撰　文 | 王受之

去年王澍获得普利茨克奖，被评委会看中的是他设计的宁波博物馆。评价的时候我还没有看过，当时我在台北参加一个设计周的活动，地点在忠孝东路四段和高铁之间的松山文创园区，那是个旧工厂改造的文创园，席间有人问我对那个博物馆设计的感觉，我说不出来。对方就说起台中歌剧院如果建完，有可能是获得普利茨克奖的项目。我知道那是日本建筑师伊东丰雄的设计，好像一堆"中"字型的框框围合的一个空间，和他的其他建筑一样，没有办法预料他会这样做。那一次忙，没有时间去台中，就说如果获奖了，我一定再来参观、听一场歌剧。不到一年，我在国内就听说71岁的伊东丰雄已经获得2013年普利茨克建筑奖，据说评委会是冲他在仙台设计的"仙台媒体中心"建筑而授予他大奖的，这是继丹下健三、安藤忠雄等人之后，第六位获此殊荣的日本建筑师。评审辞说："他的建筑作品里充满了乐观，轻盈及喜悦，又同时具备独特性与普遍性。"报导说："得知获奖消息后，伊东丰雄表示：我始终铭记，如果我们能够摆脱所有社会制约哪怕是一点，就能设计出更舒适的空间。"我印象很深的是：第一，摆脱所有社会制约哪怕是一点点；第二，设计出更加舒适的空间。这两个提法，和我们熟悉的现代主义设计都有一定的距离，也正是为什么评审会把大奖给他的原因。

一个人做设计，总是跟培养出他的系统有千丝万缕的关系。1920年代，中国有一大批建筑师从宾夕法尼亚大学建筑系毕业，好像梁

思成、杨廷宝、童寯等人，回国以后，大部分都努力朝现代结构和民族形式结合的方向走，也就是宾夕法尼亚大学当时推行的"学院派"（Beaux Arts）风格；而贝聿铭、黄作燊毕业于哈佛大学设计研究院，受包豪斯奠基人沃尔特·格罗皮乌斯教育，之后都推行现代主义。伊东丰雄是在东京大学工学院建筑系毕业的，日本现代建筑的许多重要人物在这里教书，担任过工学院院长的人有几个是现代建筑家，比如辰野金吾、塚本靖、内田祥三、仲威雄等人，虽然东大没有哈佛、麻省理工、伦敦的AA那样旗帜鲜明地推国际主义风格，但是从战后日本建筑的发展来看，现代主义肯定是主流，他受到的影响应该也是现代主义的。不过伊东读书的时候日本不太平，曾在东京旧书店看见一本书叫做《联合赤军."狼"群的时代，1969~1975》，是日本每日新闻社在1999年出版的，受中国文化大革命的影响，当时日本城市中赤色运动高涨，首当其冲的是大学校园，伊东丰雄有点读不下去，毕业之后，就直接去菊竹清训的菊竹建筑师事务所工作。这个事务所走日本建筑传统的路，当时肯定不是主流，但是在日本的文化背景下有一定的空间。伊东丰雄原本并不喜欢建筑，有些后知后觉的味道；而自己读书时又大动乱，整个社会洋溢着反主流的叛逆气氛，这两点，我想是他没有成为一个"纯粹"的现代主义建筑师，而走了自己的路的重要原因。

伊东丰雄30岁才开始做建筑设计，的确

仙台媒体中心

比很多同代人出道都晚了。而出道的时候又是现代主义泛滥的高潮期，丹下健三连续推出一系列诸如静冈新闻放送会馆（1970年）、赤坂王子酒店新馆（1982年）、大津王子饭店（1989年）这样的庞然大物，在日本青年建筑师中的影响很大。伊东丰雄则跑到乡下设计民居住宅，民居设计很重视地块特征，和现代主义扫平一切、推倒重来的做法大相径庭，他得以慢慢看、慢慢想，不跟潮流、不图名利，培养出一种讲究和环境融合、讲究舒适效果的非主流感来。多少年来，他就是用这种自由的感受在做

设计，他说建筑并非目的，而是自己生活的一种手段，把建筑作为媒介来阐述自己对社会的理解，这种理解也包括挫折感、困惑感。日本多地震，他知道纪念碑式的庞大建筑体不太可能持久，因此从木结构的传统建筑中寻找自己的永恒性，这样一来，往往有惊人之作，如果知道他的这个背景，就不会奇怪了。

我们在西方体系中浸淫长了，往往觉得建筑设计必须先走现代主义之路，之后才是现代主义基础上的后现代、解构主义、高科技派等等。而伊东丰雄的学习、他师从的菊竹清训都没有给他这个"必须"的要求，因此从思想上就没有过现代主义的局限，这是他与众不同的长处，说说容易，如果是一个体系中出来的，要突破体系的难度可要比他这种从来没有进过体系的人要大得多。

在思想上，据说他受影响比较多的是一个日本哲学家田宗介，他写过一本叫做《目光的地狱》（まなざしの地狱，河出书房新社）的书，通过一个虚构的青年人物 N. N. 到大都市的经历，提出自己的阶级观、城市观。田宗介认为城市不是由阶级、地域构成的沉默的结构，而是一个个为自我生产努力的人们组成的活体，通过个体行为、个体关系紧密联系起来的总体，而非个别的存在。伊东丰雄很认同这个看法，也努力通过自己的建筑设计表示认同感。

2002 年我曾经在洛杉矶见过矶崎新，他是伊东丰雄设计的"仙台媒体中心"项目的总评委，日本称为"审查委员长"，聊天的时候，他曾经提到这个建筑，说非常值得去看看。我在 2004 年和洛杉矶当代艺术博物馆馆长 Richard Koshalek（1999 年～2008 年担任我所在的艺术中心设计学院院长）去日本出差，抽了两天时间去仙台看这个仙台媒体中心建筑，颇有收获。

仙台在日本东海岸，朝着开放的太平洋，海岸不远的水下就是世界最深的马里亚纳海沟了，所谓"媒体中心"其实是一个包括图书馆、影视资料馆、市民活动中心、展览馆在内的综合文化建筑体，主要内容是图书馆和艺术展览馆部分，整个建筑是在 2001 年 1 月落成开张的。我去之前对这个建筑没有多少了解，所以到现场看时的确有点震惊。

那么庞大的一个建筑物，用 13 根摇摇晃晃"水草"似的管柱支持 6 块巨型地板，完全敞开，他们称为"钢骨独立轴结构"。地下 2 层、地上 7 层，底层的玻璃门全部可以打开，玻璃门一开，就和面对的定禅寺大街、公园连成一片了。那里满街都是翠绿的榉树，反映在室内，就是一片粉绿色的气氛。据说爵士音乐节、光之祭活动举办的时候，这些玻璃门就全部打开，内外一体，敞开给市民，市民、环境、建筑融为一体，是很动人的。当地政府推动"学都仙台"、"乐都仙台"，这个媒体中心建筑正好促进这些系列相关活动的举办。

站在完全没有墙壁、内部没有什么分隔的大空间里，看着满目榉树的公园，那种巨大的敞开空间给人的感觉真好，这时感觉他的这个设计和日本传统建筑完全依靠柱子支撑的做法如出一辙，但是更好地吸收了现代技术的精华。

现代大型、高层建筑的传统建造方式，都用钢柱、钢筋混凝土结构建成，称为"框架结构"，就是梁柱构成的框架空间，这是密斯的"通用空间"（universal space）概念。柱子布局均匀，室内空间也就均衡，勒·柯布西耶称之为"多米诺系统"，是因为这种均匀的框架结构内部空间好像多米诺骨牌一样，一格一格的。伊东丰雄的这个仙台媒体中心建筑打破了"通用空间"概念，框架结构柱子变成许多好像螺旋形的细铁管、铁柱扭成的管线柱子，并且用一个透明的玻璃管包裹这些管线柱子，形成 13 个螺旋形管体，管体穿越楼板，楼梯、电梯也在这些管体里面，管体还承担了通风、照明的主要功能，这样的做法，在以前没有见过，在之后也很少见。

我离开仙台之后，那个建筑留在脑子里，很难忘却。记得当时陪我去的几个日本设计师说这个建筑的 13 条螺旋形管体还有很好的抗

伊东丰雄建筑博物馆

震功能，地震来袭的时候，它们就好像海草一样摇曳，而不会断裂，那个说法我也记住了。2011 年 3 月 11 日那天下午 2 点钟日本东北地方太平洋近海地震，据说这次地震是日本有观察记录以来最大的地震，引起的也是最大的海啸，仙台和周边城市遭到毁灭性的打击，我打电话给东京的朋友问平安，顺便也问问仙台媒体中心建筑如何，他说正如预言："它好像海草一样摇曳"，毫无损伤。

我记得当年伊东丰雄曾经给 CCTV 大楼也做过方案，是一个比较低层一点的市民公园一样的概念，如果用了那个方案，北京会有一块很亲和、很舒适的电视台公园区，可惜我们喜欢张扬的库哈斯，结果就大相径庭了。

展示空间：非看之看

撰　文 ｜ 李威霖

在当代，博物馆的设计历来有两种截然相反的呈现方式。一种是传统的"方盒子"，不强调建筑的形式或装饰，空间作为容器或背景存在，由精美的艺术品填满才是它的使命，这样的博物馆在各大城市中都能看到；而另一种博物馆建筑本身的目标即是成为一个艺术品，一个由建筑师创作的"巨型雕塑"，例子也有不少，扎哈·哈迪德、弗兰克·盖里的好些博物馆作品都可以算作此类。拓展到美术馆、艺苑、画廊，乃至各种商业展厅、showroom 等广义上的展示空间设计，都存在这两种不同的设计思路。

两种方式或者说思路，无所谓对错或好坏。评价一个空间，永远不会只有一个评判因素。场地、主题、功能、材料、平面组织、空间体验……都是设计者需要计入考虑范围内的。而展示空间更有其特殊性，不像住宅或办公室那样更强调服务于空间中的人，它更要彰显空间中的"物"，或许是艺术品，或

许是多媒体作品，或许是商品，归根结底，要让来客"看"展示内容，而且是要舒适地、无障碍地、全面地"看"。背景板式的的空间看似简单，但要做到恰到好处并不容易，反而更可能流于平庸乏味，连带着令来访者对展示内容都失去兴趣。所谓"少即是多"，是要见功力的。反之，"雕塑"般的或流光溢彩的空间同样难为，外部形态容易过度设计，内部空间或装饰也可能喧宾夺主，掩盖了属于展品的光辉，展示内容要调整以适应空间甚至无法与空间相协调。那么，有没有可能将两种思路折中融合呢？当然有，这也是近年来越来越多展示空间设计者努力的方向；不过又想空间本身吸引人，又想完美地烘托空间中的展品，显然难度更大。

在本期的主题案例中，Soumaya 博物馆、Perathoner 木作馆毫无疑问是"雕塑派"，但是展示空间的设计与其异型的形体结合得颇为恰当。而今年刚完成的波兰犹太人历史博

物馆则是方正的形体中暗藏玄机，诠释博物馆主题的同时充分发挥了建筑的艺术性。Umeå 艺术博物馆和上海油画雕塑院美术馆都是形态保持几何的简洁，而又不失匠心独运的别致，更出彩的是其结构和空间的组织布局，充分考量了场地环境和展示空间的功能需求，可谓内秀十足。

一个好的展示空间，应该吸引更多的人来看，但看的却不能是建筑形式或材料构件，而是要让人们的目光投注在展品上。空间隐于幕后，无处不在却不抢眼，人们仿佛只是看到了展品，其实却把空间的美也看进了眼，存进了心——也即是展示空间的"非看之看"。其形态可以简洁规整，但不能贫乏；可以造型醒目，却不应怪异，与环境格格不入。其空间可以"空"但不能"死"；可以峰回路转但不能兵荒马乱。材料、装饰、光影，可以个性鲜明，但不能与展品争辉……总而言之，其间妙用，还是存乎于设计者一心。 END

波兰犹太人历史博物馆
THE MUSEUM OF THE HISTORY OF POLISH JEWS

撰　文	李威霖
摄　影	Juha Salminen, Wojciech Krynski
资料提供	Lahdelma & Mahlamäki Architects
地　点	波兰华沙
建筑面积	18 300m²
场地面积	12 442m²
建筑设计	Lahdelma & Mahlamäki Architects（芬兰）,
	Kuryłowicz & Associates（波兰）
设计主持	Rainer Mahlamäki
竣工时间	2013年5月

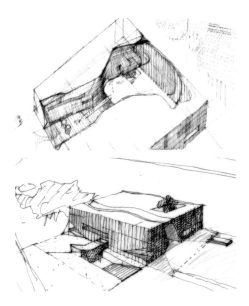

波兰犹太人历史博物馆的问世肇端于1990年代中期，特拉维夫大流散博物馆（Diaspora Museum）以及华盛顿大屠杀纪念馆（Holocaust Museum）的创办者Yeshayahu Weinberg发起了一个国际工作营，筹建一座关于波兰犹太人历史的新博物馆。150余位来自欧洲各国、以色列和北美的研究者参与其中，搜集相关史料。2003年，新博物馆的基本理念和展示策划基本完成。2005年春，新博物馆的建筑设计国际竞图面向全球召开，获邀进入第二阶段的设计机构名家云集，Lahdelma & Mahlamäki建筑事务所

的设计打动了包括肯尼思·弗兰姆普敦在内的众多评审，击败隈研吾、丹尼尔·里勃斯金、大卫·奇普菲尔德、彼得·埃森曼等强劲对手而胜出。

华沙是犹太人的重要城市之一，二战前曾有约50万犹太人生活在这里。博物馆的基址距华沙老市中心约1千米，战前曾为犹太人聚居区，建筑位于一个被居住区环绕的公园中，紧邻华沙犹太人起义纪念碑。纪念碑及其前方的广场与博物馆融为一体，形成新的城市地标及活力公共区域。

博物馆的主入口位于建筑与纪念碑相邻的一侧，从入口开始，一系列主厅空间被一座桥联系起来，通往庭院景观。建筑外形简洁，尽量削弱其在公园中的存在感。这一点在竞图中颇受评审团肯定，他们认为这一外观概念"毫无非必要的修饰，简单而优雅"。主厅用建筑语汇表达了设计主题"Yum Suf"（希伯来语：红海，源自《出埃及记》的"分开红海"），开裂的空间象征着传说中被摩西分开的红海。同时，其非线性的空间形式亦暗喻了大自然抽象的普世之道。主厅是整个建筑中最重要的元素，一个纯粹而平静的空间，向来访者传递博物馆的核心理念。

博物馆采用了分层的立面设计，建筑结构为现浇混凝土，自由墙面和顶棚曲面承担了部分结构功能，钢结构及喷射混凝土墙体的厚度

约为60cm。承担结构功能的双层连续弯曲墙面是设计的一个重大挑战。设计师甚至专门为这个项目研发了软件，来实现这一创造性的结构设计。建筑外立面由预制铜板和丝网印刷玻璃构成，纵横交错的玻璃和铜板构成规则的网格。材质、色调与线条引发的对比效果是波兰犹太人历史博物馆设计的重点：仿佛有生命力般的绿色铜板表皮上刺着方孔以便通风，与用白色的希伯来文和拉丁文字图案装饰的玻璃形成了强烈的对比；而铜和玻璃有序的节奏以及建筑简单的方盒子形体与内部主厅混凝土结构有机、自由的形态又形成了对照。无论从外部还是内部，玻璃表皮都带来了美妙的光影效果，为凝固的建筑体渲染上无尽的灵动与飘逸。

博物馆空间需承担研究、展示、教育以及传承犹太人文化遗产等多重功能。核心展览区容纳了一座约5 000m²、状如未完成空间的展厅，其中的展陈内容呈现了从中世纪到当代各个不同时期的犹太人历史与文化——大屠杀仅仅是其中一个主题——博物馆关注的是整个波兰犹太人的历史。核心展区的空间平面组织兼顾了设计概念、功能需求、交通动线等，并且有许多倾向于年轻人的设计，以期吸引更多的参观者。

博物馆的奠基仪式于2007年6月举行，2013年4月19日举行了开幕典礼，部分向公众开放，而核心展区将于2014年开放。END

1		2	
3	4	5	6

1　从纪念碑看博物馆入口
2　建筑外观
3-6　平面图

1　门厅	6　商店	1　大厅	6　更衣室
2　入口大厅	7　售票及问讯处	2　礼堂	7　教室
3　餐厅	8　衣帽间	3　衣帽间	
4　咖啡厅	9　图书馆	4　临时展厅	
5　儿童娱乐区		5　放映室	

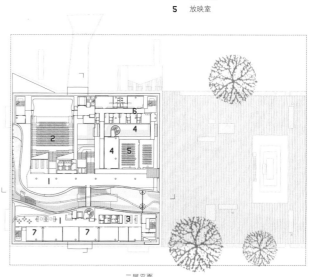

一层平面　　　　　　　　　二层平面

1　办公区
2　礼堂
3　编译处
4　空调机房

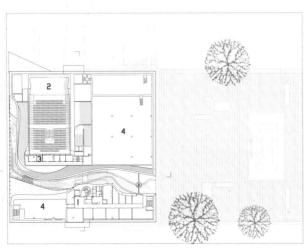

三层平面

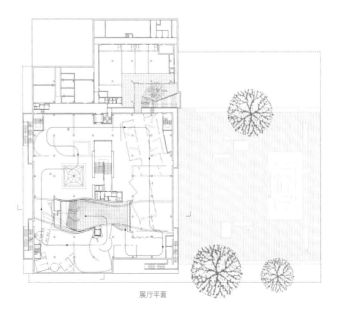

展厅平面

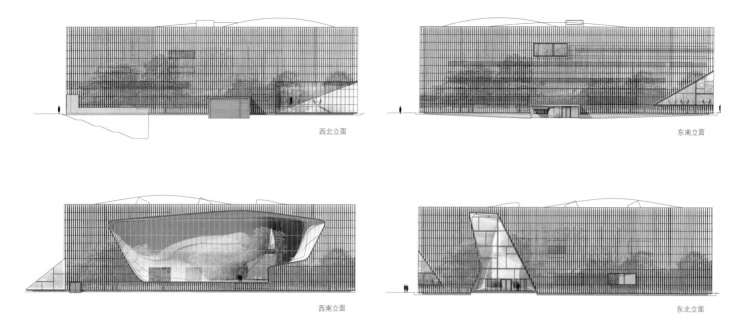

西北立面

东南立面

西南立面

东北立面

1　立面图

2-3　表皮局部

4　主厅曲面墙体

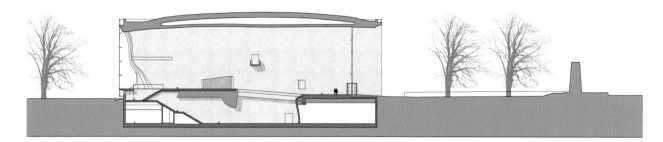

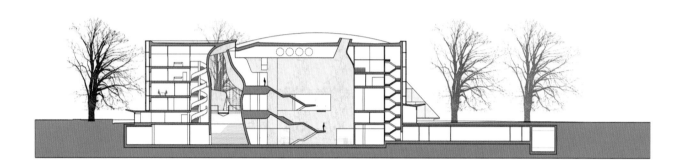

1   剖面图
2-3   玻璃幕墙与曲面墙体的衔接及光影效果

```
     2  3
 1
        4
```

1　主厅，起伏的墙面暗喻被分开的红海，一座通往庭院
　　景观的桥梁象征通往应许之地的道路
2-4　博物馆室内空间

Eli & Edythe Broad 艺术博物馆
ELI&EDYTHE BROAD ART MUSEUM

撰　　文	藤井树
摄　　影	Iwan Baan,Paul Warchol
资料提供	扎哈·哈迪德建筑事务所（Zaha Hadid Architects）

地　　点	美国东兰辛（East Lansing, USA）
占地面积	6 038 m²
建筑面积	4 274 m²
设　　计	Zaha Hadid,Patrik Schumacher
竣工时间	2012年

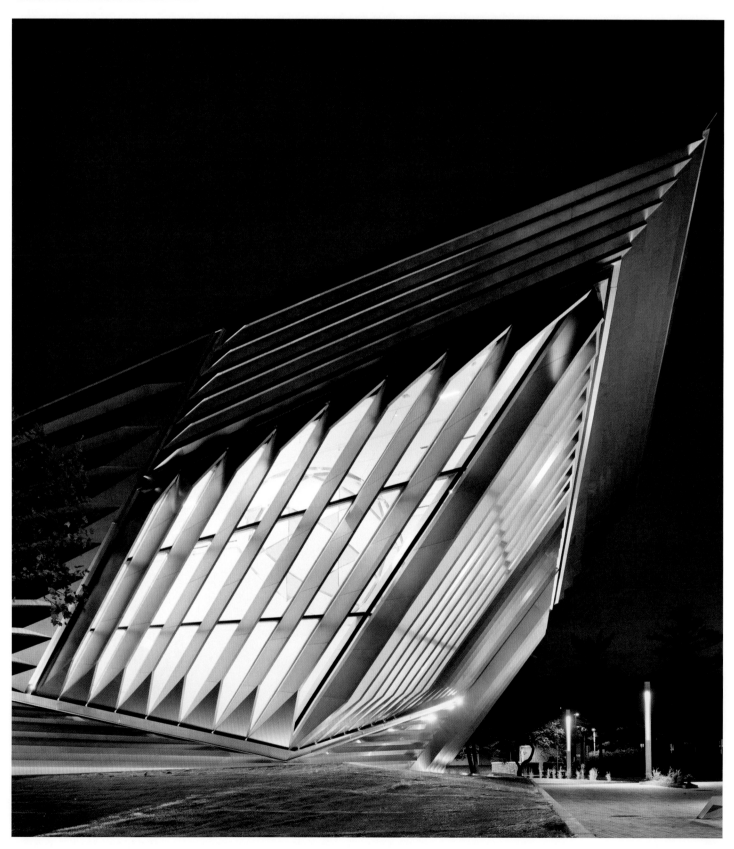

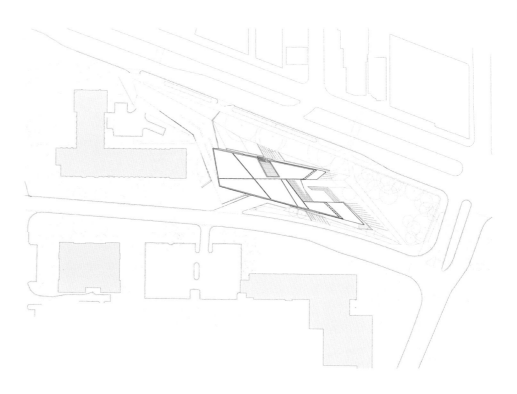

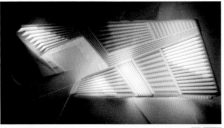

Eli & Edythe Broad 艺术博物馆位于美国密歇根州立大学校园北边缘。北边是充满城市活力的格兰德河大道（Grand River Avenue），南边是校园，并与雕塑公园相连。博物馆致力于展示当代艺术，通过艺术探索全球当代文化和理念，其地理位置使其成为城市和校园的连接之处，保证了其较高的能见度，并积极鼓励周边社区（城市及校园）参与其中。项目策划之初，以其名字命名博物馆的赞助人之一、慈善家 Eli Broad 希望这个全新的博物馆更有变革性。

设计师通过对基地详尽的调研，首先建立起与基地景观、地形及流线逻辑相应的二维平面，再通过折叠组合二维平面，建立三维空间，最终形成了一种汇集不同路径及轴线网络的建筑内部景观。设计师以这种方式，将建筑与周边独一无二的环境相融，并与邻近的大学、东兰辛社区（East Lansing, USA），甚至更外部的世界进行生动对话。

由不锈钢及玻璃构成的倾斜褶皱外立面，与邻近大学校园的哥特式传统红砖建筑形成鲜明对比。变化多端的褶皱，反映着周边景观及路径在方向与定位上的变化，给了建筑一种拥有无限可能的形象，尽管还从未真正得见它的内容，人们的好奇心却在被其外表激发。外立面复杂的构成逻辑在内部空间序列中得到延续，利用由此产生的性质及用途多样且灵活可变的策展空间，通过不同的引导流线和连接点，不同的透视和关系，策展人或馆长拥有近乎无限可能的发挥空间。

扎哈·哈迪德认为，艺术博物馆是展示艺术、交换思想，从而培育社区文化生活的中心。这个建筑赋予人们灵感和新想法，激发起人们原始的学习及创造欲望，它好像在说，让我们冲破传统吧！这个位于校园边缘的陌生物体，有着磁铁般的吸引力。END

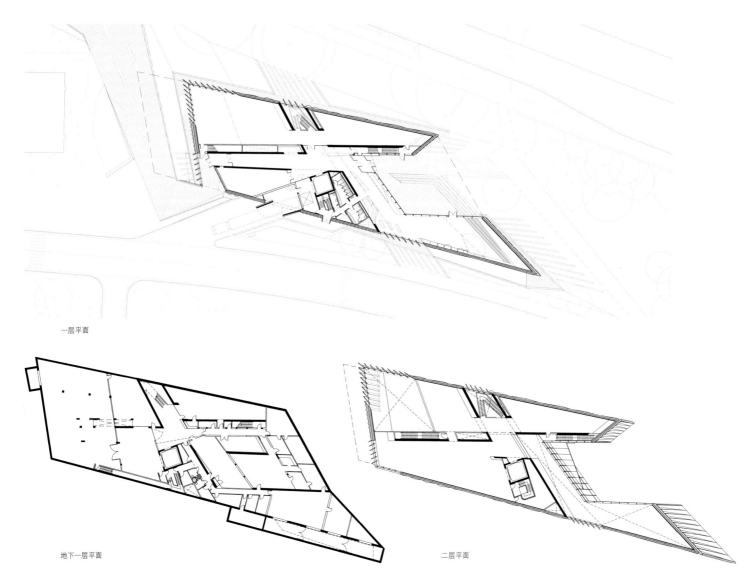

一层平面

地下一层平面

二层平面

1	4
2 3	5

1　平面图
2-4　建筑外观细部
5　从室内看向室外

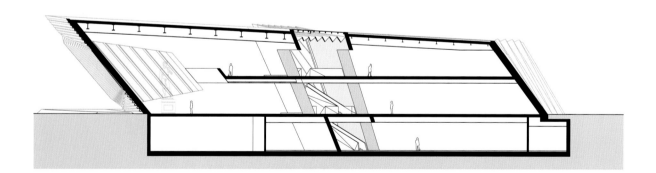

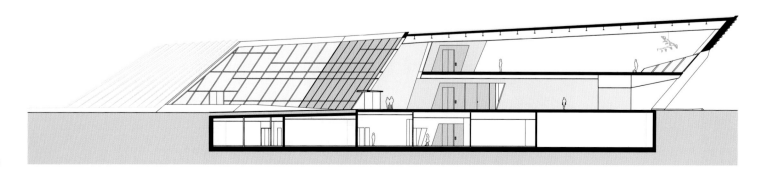

1   3
2   4

1   立面图
2   剖面图
3-4 楼梯

1 | 3
2 | 4

1-2 过道
3-4 展示空间

Umeå 艺术博物馆
UMEA ART MUSEUM

撰　　文	银时
摄　　影	Åke E:son Lindman
资料提供	Henning Larsen Architects
地　　点	瑞典Umeå
面　　积	3 500m²
设　　计	Henning Larsen Architects
合作设计	White Arkitekter,Tyréns,WSP Group,TM-Konsult
建造时间	2009年~2011年

1-3 博物馆外观及其与环境的关系

Umeå 艺术博物馆位于瑞典北部，Umeälven 河畔正在兴起的 Umeå 大学艺术校园区之中。这片新的艺术校区占地约 15 000m²，包括纯艺术学院、设计学院以及新的建筑学院。校方希望通过新校区的建设为艺术、设计、建筑等诸多学科提供良好的教学及研究、探索的场所，同时，将这些学科整合在同一片区域中，也更便于他们彼此之间加深交流、汲取灵感。而教

研机构、艺术组织、展览空间的组合，也更紧密地融合了创作、研究乃至社会生活，将这片原工业区打造为拥有壮美滨河景观的新兴城市艺术中心，从而使 Umeå 作为顶级艺术及教学中心的地位得以加强。

老的博物馆自 1981 年开设以来，主要展览各种国际当代艺术作品，也经常举办各种古典艺术展。新馆的展览空间较之老馆扩张了两倍多，底层平面占地约 500m²，总建筑面积约 3 500m²，再加上它矗立于河边的突出而醒目的位置，更成为周边区域中的地标性建筑。

如同整个艺术校区中的其他建筑一样，博物馆的外立面采用了竖直排列的西伯利亚落叶松木板作为饰面，这也与整个建筑强调竖向的空间组织形成了呼应。但纯粹的竖直线图显然会过于刻板，设计师用巨大的窗体和玻璃幕墙作为突变的音符，为整个建筑体带来了活泼跃动的节奏。

博物馆内，3 个大型展厅层层叠加，其中插入的夹层楼面将礼堂、儿童工作室、管理区等功能空间组织分布其间。这些巨大的正方形展厅采用了无承重构架构造，起到承重支撑作用的，是展厅的墙体与外立面之间一个如同壁龛一样的空间，充足的自然光透过这个"壁龛"倾泻入平面完全开放的展厅内，为各种不同的展览提供了一个富有活力和动感的舞台。而在这壁龛空间中，拾级而上，还可以从不同角度欣赏到河滨区优美的自然景观以及不断变幻的城市天际线。另一方面，就功能而言，壁龛空间还服务于纵向的设施设备如电梯、楼梯、管道、通风井等。

整个艺术校区的建筑都非常强调节能环保，博物馆当然也不例外。除了尽量采用本地建筑材料及常规节能技术之外，博物馆还与当地供热系统合作运用节能设施，并使用免维护的材料。END

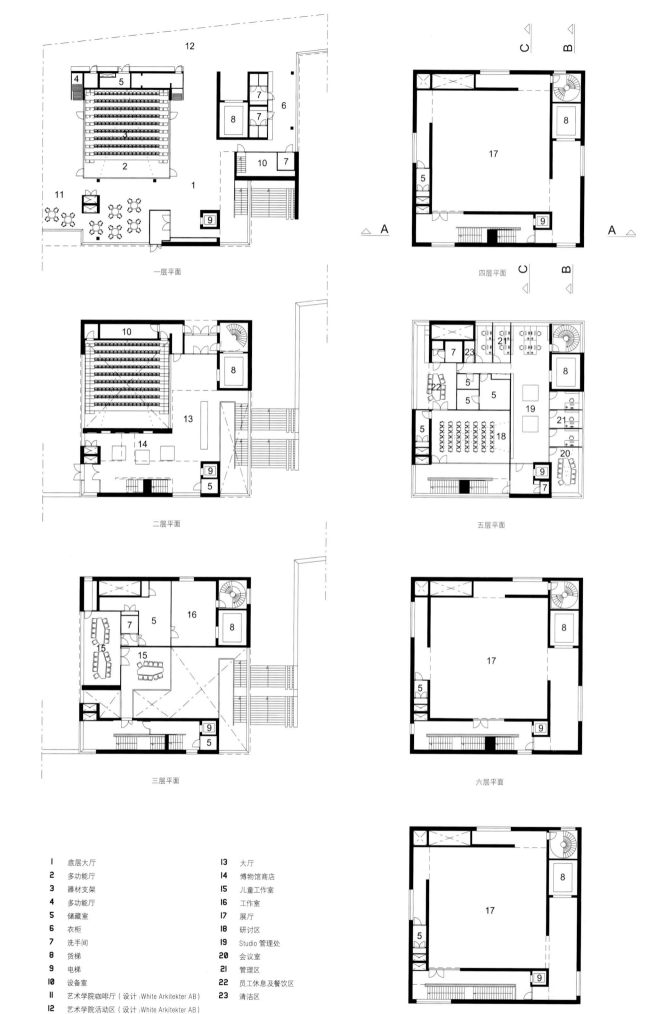

一层平面

四层平面

二层平面

五层平面

三层平面

六层平面

七层平面

1	底层大厅	13	大厅
2	多功能厅	14	博物馆商店
3	器材支架	15	儿童工作室
4	多功能厅	16	工作室
5	储藏室	17	展厅
6	衣柜	18	研讨区
7	洗手间	19	Studio 管理处
8	货梯	20	会议室
9	电梯	21	管理区
10	设备室	22	员工休息及餐饮区
11	艺术学院咖啡厅（设计：White Arkitekter AB）	23	清洁区
12	艺术学院活动区（设计：White Arkitekter AB）		

1	各层平面
2-3	门厅，环境、空间与人的交融
4	展厅，空间与展品的关系

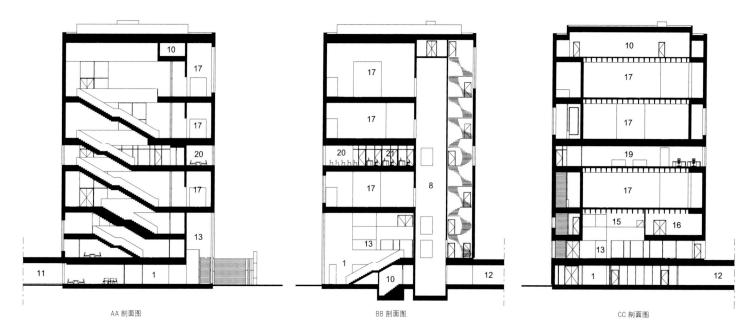

AA 剖面图　　　　　　　BB 剖面图　　　　　　　CC 剖面图

I	剖面图
2	博物馆商店
3	展示无处不在

I	底层大厅	8	货梯	15	儿童工作室
2	多功能厅	9	电梯	16	工作室
3	器材支架	10	设备室	17	展厅
4	多功能厅	II	艺术学院咖啡厅（设计：White Arkitekter AB）	18	研讨区
5	储藏室	12	艺术学院活动区（设计：White Arkitekter AB）	19	Studio 管理处
6	衣柜	13	大厅	20	会议室
7	洗手间	14	博物馆商店	21	管理区

1　拾级而上，可从不同角度欣赏河滨区优美的景观
2-3　自然光与照明设备配合得恰到好处，为空间带来宜人的光环境
4　看得见风景的会议室

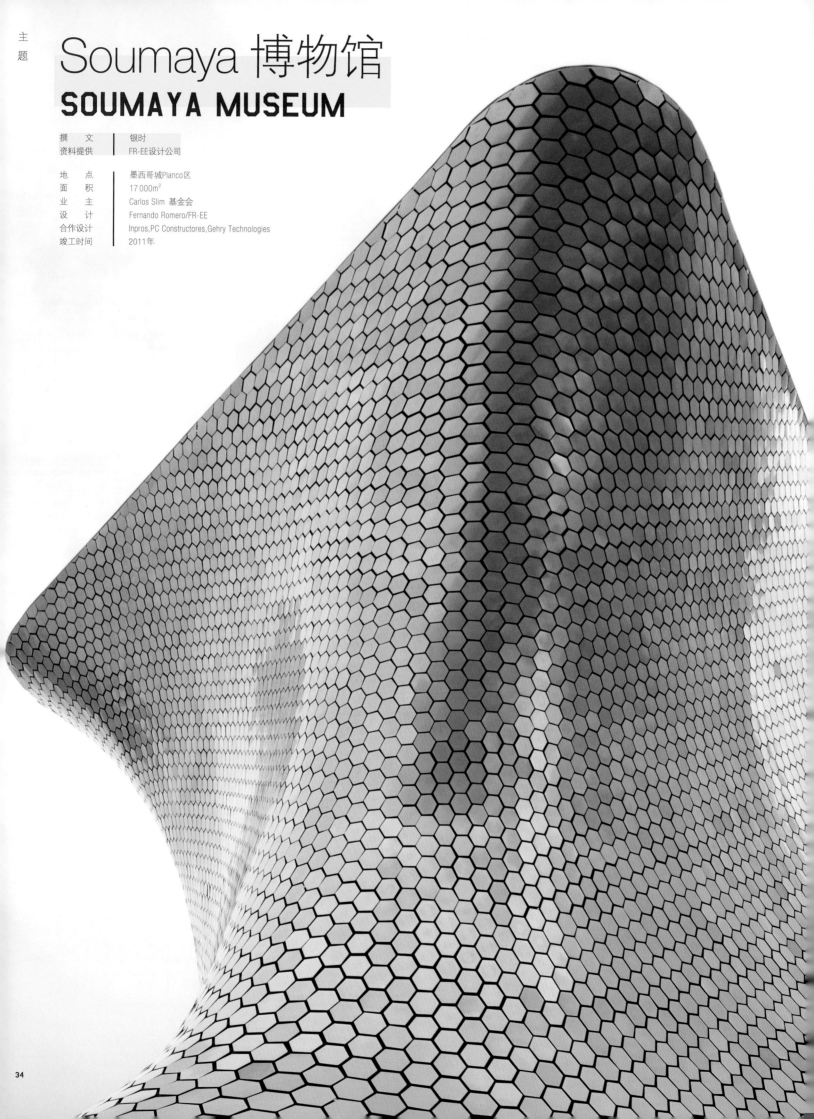

Soumaya 博物馆
SOUMAYA MUSEUM

撰　　文	银时
资料提供	FR-EE设计公司

地　　点	墨西哥城Planco区
面　　积	17 000m²
业　　主	Carlos Slim 基金会
设　　计	Fernando Romero/FR-EE
合作设计	Inpros,PC Constructores,Gehry Technologies
竣工时间	2011年

1 | 2
  | 3

1-2 建筑外观
3 建筑体量与人的对比

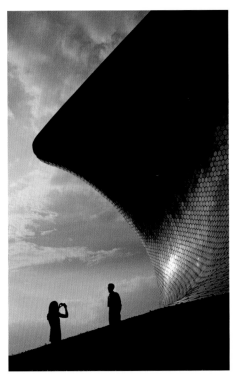

Soumaya 博物馆是墨西哥城 Planco 区边缘正在开发中的多功能建筑群项目之一。这是墨西哥商业大亨 Carlos Slim 创办的第二家博物馆，以他已故妻子的名字命名，主要收藏 Carlos Slim 收集的艺术巨匠奥古斯特·罗丹的艺术品。

基地原为 1940 年代的工业用地，作为一个杰出的文化项目，博物馆在该区域的城市生活转型方面将起到巨大的推动作用，在激活周边公共空间的同时，促进区域商业的繁荣。

为了给场地塑造新颖的标识性和强烈的都市感，Soumaya 博物馆没有采用大多数博物馆为保证功能的最大化而设定的盒子形式，而是以一种雕塑般的状态呈现出来。博物馆有机和非对称的外观，成为一种展现墨西哥乃至国际建筑发展里程的新范例，使其成为表现城市特殊历史时刻的标志性建筑。

Soumaya 博物馆的表皮壳体由 28 根大小、薄厚、形状各异的弯曲钢梁组成，稳定性则用每一层的 7 个环形结构来保证，同时也为馆内

提供了开放的展览空间。从外部看，建筑体没有固定形状，来自四面八方的参观者从不同角度看过去，建筑都会呈现出不同的面貌，这也隐喻着内部藏品的多样性。外表皮是由经久耐用的六边形铝制模块组合，几乎没有表皮开窗，以便保护内部的藏品。

馆内藏品的时代从 14 世纪延续到现在，主要包括世界第二大的罗丹雕塑群、中世纪和文艺复兴时期的艺术品以及印象派美术作品展。约 20 000m² 的展厅空间分为 5 层，容纳了各种公共和私人空间，比如一个可容纳 350 名听众的讲堂，还有图书馆、餐馆、礼品店、多功能休息厅以及管理办公室等。连接各个空间的是非直线型的流通区，让参观者沿着一个非线性的公共路线来四处游走，最终到达顶层的多功能美术馆。博物馆的顶层也是整个建筑体中最大的空间，有着天窗带来充沛的自然光照，让参观者在开敞明亮的空间中充分享受一段畅游艺术海洋的美好时光。END

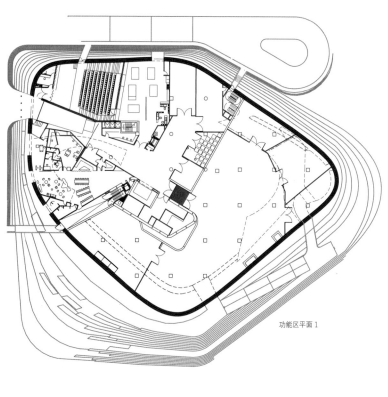

功能区平面 1

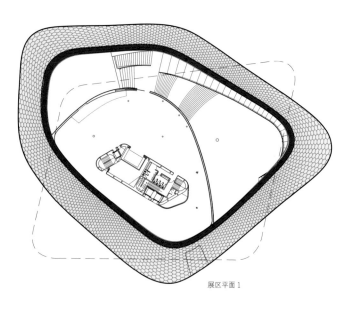

展区平面 1

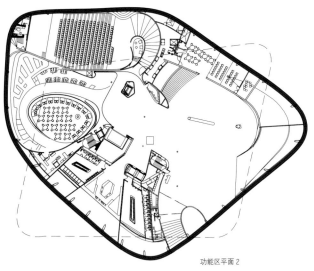

功能区平面 2

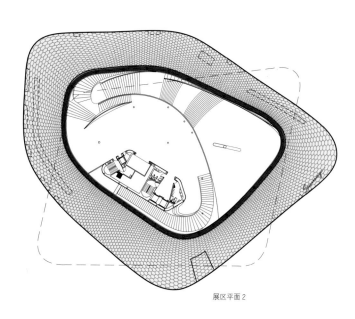

展区平面 2

1	平面图
2-3	表皮细部
4	展示空间

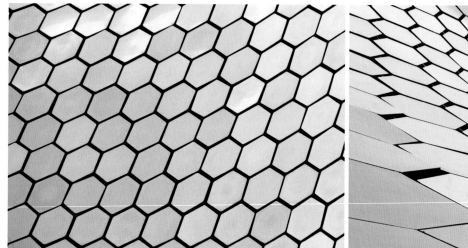

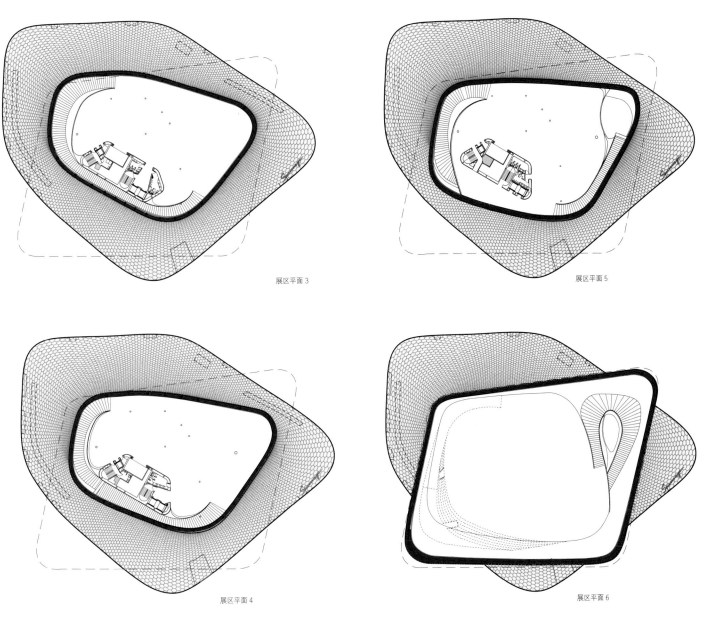

展区平面 3

展区平面 5

展区平面 4

展区平面 6

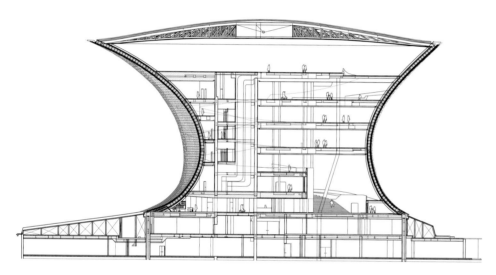

2	6
1	3	
4		7
5		

1-3 参观者在展厅各处欣赏展品或进行各种活动
4 剖面图
5-7 顶层展览空间

上海油画雕塑院美术馆
SPSI ART MUSEUM

摄　　影	吕恒中
资料提供	上海绿环建筑设计事务所

地　　点	上海市长宁区金珠路111号
基地面积	5 000m²
建筑面积	3 000m²
设计单位	上海绿环建筑设计事务所
项目建筑师	王彦
设计时间	2008年
建成时间	2010年

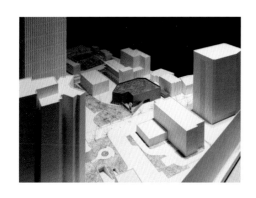

1　入口
2　模型
3-4　沿街立面（改造前）
5-6　改造中
7　金珠路入口广场

前言

开始着手上海油画雕塑院美术馆（SPSI 美术馆）设计要追溯到 2007 年初，由于拆除老建筑并按现有规划界限要求新建美术馆，可建面积将被迫减少近三分之一，因此业主最终决定改造现有建筑。之后又经过一年多的反复斟酌，甚至激烈争论，美术馆工程终于在 2008 年底开始动工。2009 年夏又曾一度因为大火而暂停施工，所幸建筑主体结构没有受损。2010 年 10 月 19 日，美术馆终于在世博会期间迎来开馆首展——法国马赛艺术展。

SPSI 美术馆设计完全由建筑本身出发，在回答建筑基本问题的过程中，逐渐接近我们想要的答案。最终的结果其实令我自己都感到有些惊讶。建筑本身的体量、空间、材质、构造展现出了一种质朴纯净的力量。

场所

金珠路位于上海市长宁区，总长不过 300m，街道两旁的建筑却迥然不同，有"80 后"小瓷砖贴面的现代建筑，"90 后"铝板和玻璃幕墙装饰立面的多层办公楼，有"00 后"仿砖贴面假古董洋房，也有 2009 年才落成的由 Gensler 建筑事务所设计的两座高层玻璃塔楼——东银中心；沿街建筑最高 100m，最矮的 10m。各时代各样式的建筑在这里碰撞，彼此冲突，却也彼此遵守着城市道路界面，金珠路的城市空间尺度倒也亲切。

美术馆原有建筑建于 1989 年，蜂窝状平面布局在东南沿街处留出了不规则形状的入口广场，使道路空间界面突然变得模糊与缺失；新馆设计主张重视道路空间界面的完整，填补缺失，建筑明确地平行于街道；并且取消沿街围墙，留出尺度适宜的、开放的公共入口广场。

体量

美术馆如一块被切割成几何多边形的坚硬石块横卧于金珠路旁，它沉稳而棱角分明，简洁而厚重有力的体量让人们从相邻建筑的装饰化立面感受中解脱出来。

美术馆南侧与东银中心接壤，由于地界划分的需要，分界墙必须保留。单片矗立的墙无法形成体量感，与建筑主体极不协调。因此我们设计将围墙折向延伸，顺势直接斜插入建筑主体，巧妙地形成了入口空间，同时围合了一个内院，为接待厅提供了室外景观。半透明的不锈钢编织网并不隔断内院与墙外绿地之间的视觉联系，院中情景隐约可见。

空间

墙面越平滑，体量越清晰，空间越纯净。

对于室内来说，平滑的墙面围合纯净的室内空间，对于城市来说，平滑的外墙限定了明确的室外空间。所以无论内外墙面的处理，我们都力求平滑，去掉一切不必要的装饰，最大限度地营造出干净的空间体验，同时也突出了艺术作品本身。

现代艺术的展示形式多样，绘画的、雕塑的、装置的、影像的……无法预计，我们更不应限制艺术家们的表现形式，因此留出一个尽可能灵活自由的大空间是唯一的选择，尽可能适应各种布展的需要。

41

楼梯空间仿佛是反扣的长方形光罩，从建筑顶部垂直向下生长，在二楼围廊扶手处仅断开不足1.4m，有限高度方便人的视觉，以控制光线对周围展示作品的影响，同时也加强了光罩悬空的重力感。楼梯轻盈落地，在地面仅有一个支撑点，它的形体本身就如同一件现代雕塑作品。我们特意将扶手的剖面设计成45°尖角向上的形式，这样从内部看来，光罩给人的体量感受很薄很轻，就像是用纸折叠出来的。当厚度消失，抽象的面的感受就出现了。

整个建筑展厅部分只有面对内院的角落里有两处自然采光，一处是南侧4m宽、1.9m高的落地窗，近1m进深的窗洞水平展开，让人自然而然地注意到室外院子的细白石铺地，室内白色环氧树脂地面与之相协调，使室内空间仿佛延伸至室外；内院不锈钢网围墙高4m，将外界的纷繁芜杂一概遮挡住，留下一份内心的宁静。另一处落地窗仿佛是斜墙插入室内的洞口，高4m、宽1.8m，让人们在室内能感受到斜墙的来龙去脉，强化了斜插的内外空间感受。室内光影变化也显得异常生动。

材质

每一种材质都有一种性格，无法复制；虽然可以找到很多模仿混凝土效果的材料，但模仿终究是模仿，因此我们最终还是坚持选择了真实预制混凝土挂板作为墙面材料。混凝土板由于浇筑条件的细微差别，呈现出随机的色差与不尽相同的模板肌理，显得自然而生动。

光滑无凹凸的混凝土板表面对建筑体量本身以及体之外的城市空间都是一种清晰的表述，同时板表面的防护剂也是应对城市恶劣大气条件对建筑立面腐蚀和污染的有效手段。每块混凝土板近3m宽、2m高，大尺度营造出公共开放的建筑气质。转角处采用犬牙交错的累叠方式，让材料有了厚度以及明晰的构造，建筑也显得更加厚重。

斜墙不锈钢编织网板与混凝土板色泽接近却非常细腻，在阳光下有着金属反光的质感。而正面观看时却可隐约透过网格间洞悉到背后的事物，像一层薄纱般轻曼灵动，与混凝土浑厚的实体感觉形成鲜明的对比，却又在整体上相互协调统一。

室内没有材质，只有白色的空间，院中白色的细沙通过落地窗将空间延伸到室外；而洗手间采用黑色系。建筑所有材质的选择都以黑白灰为主调，金属与混凝土，实体与半透明，自然和谐地统一，避免因为建筑材质色彩的过分突出，而冷落了所展示的艺术作品。

细部构造

立面干挂混凝土网格分缝"投影"在入口广场水刷石地面上，形成由1cm宽不锈钢分割条编织的网格，网格大小与立面分缝尺寸相仿，并像影子一样在平立面交接处精确对位；不锈钢网格顺着地面的坡度转折而略有起伏，造成细微动感。当网格延伸至斜墙前50cm高的矮墙时，不锈钢条按照几何投影的规律"爬"过，直至隐没。

斜墙不锈钢网板分缝与混凝土板的分缝也是精确对位的，缝从不锈钢墙面爬上不锈钢吊顶底面，又转至混凝土墙面，严谨的对位关系使不同建筑材料间的构造关系变得密切，建筑成为有着统一营造逻辑关系的整体，各部分彼此间不可分割。

感言

整个建筑设计语言与构思完全从建造场所以及建筑本身出发，摒弃诸如影像、信息、社会、心理等其他相关学科理念主导建筑设计理念的设计方法。我们在对场所、体量、空间（序列）、材质、细部构造等建筑本质问题的回答过程中，自然地推敲出建筑本身应有的气质。在很多建筑师试图跨界寻求设计答案的时候，我们仍然坚信建筑自身语言魅力足够打动人的心灵。END

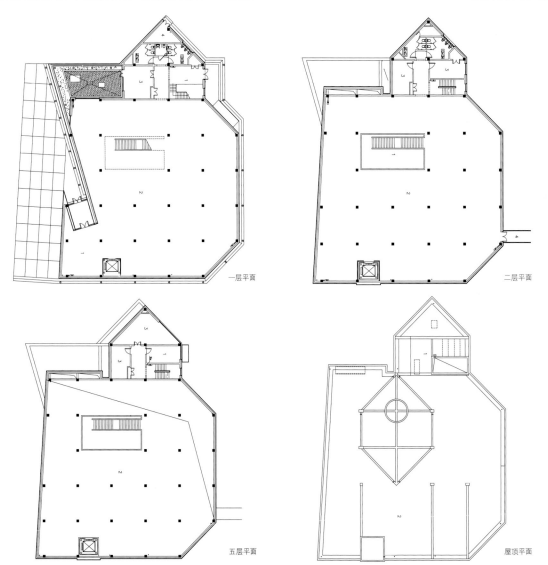

一层平面　　二层平面　　五层平面　　屋顶平面

```
    | 2 3 4
| 1 |   5  6
```

1　平面图
2　入口
3　美术馆与现有办公楼
4　后勤入口
5-6　内院

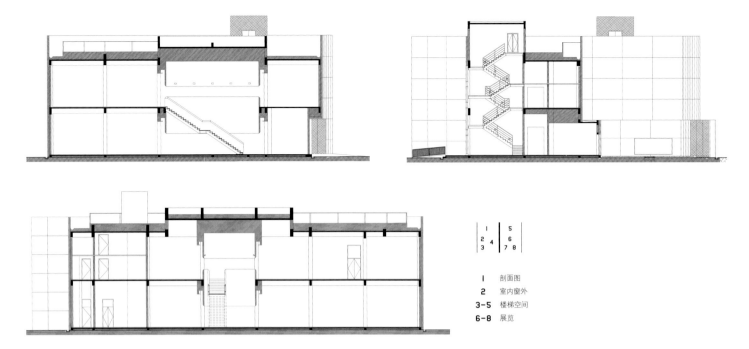

1　剖面图
2　室内窗外
3-5　楼梯空间
6-8　展览

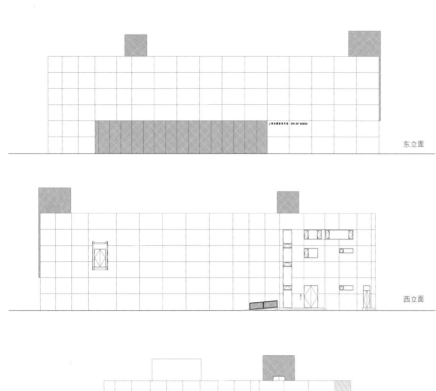

东立面

西立面

南立面

北立面

1			4
2	3		

1　立面图
2　地灯细部
3　入口壁灯
4　不锈钢网面、混凝土墙面和水刷石地面

Perathoner 木作馆
WOOD CARVING PERATHONER

撰 文	银时
摄 影	Günter Richard Wett, Ulrich Egger
资料提供	bergmeisterwolf architekten

地 点	意大利Südtirol,Gröden,Lajen-Pontives大街
面 积	2 763m²
设 计	bergmeisterwolf architekten
业 主	Ulrich Perathoner
木 结 构	Lignosystem
照明设计	Halotech lichtfabrik
设计时间	2009年
竣工时间	2012年

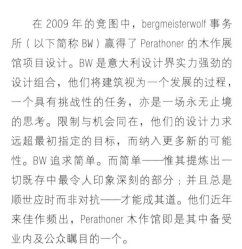

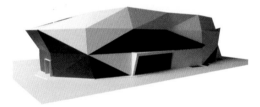 

1-2 建筑与场地环境
3-4 模型

在 2009 年的竞图中，bergmeisterwolf 事务所（以下简称 BW）赢得了 Perathoner 的木作展馆项目设计。BW 是意大利设计界实力强劲的设计组合，他们将建筑视为一个发展的过程，一个具有挑战性的任务，亦是一场永无止境的思考。限制与机会同在，他们的设计力求远超最初指定的目标，而纳入更多新的可能性。BW 追求简单。而简单——惟其提炼出一切既存中最令人印象深刻的部分；并且总是顺世应时而非对抗——才能成其道。他们近年来佳作频出，Perathoner 木作馆即是其中备受业内及公众瞩目的一个。

设计师的设计灵感来自木雕师的工具、技艺，以及对其创造中呈现的激情的想像。以未经加工的木料作为设计出发点，对木料的雕琢、木建筑的构建以及制作手艺的表现是设计中占主导地位的主题。

项目所处地理位置优越，是两条主要干道的交接界处，为 perathoner 木作工坊提供了一个理想的展示及工作场所。新建筑展示了 Gröden 当地精巧的工艺制品及木质材料的悠久历史，聚焦于木材质本身。无论是建筑外观还是工作室内制作中的高品质产品，整个建筑物由内而外传达着企业的价值取向和对木作的深切关注。路过的人也都被深深吸引，情不自禁想要走近欣赏这极富表现力的构架及细部。

整个建筑体块包裹在一个富有动感的表皮内部。表皮是一些由三角形组成的自我支撑折叠系统。这些系统内部包含的开口为室内带入光线。表皮覆盖着木瓦，象征粗糙的未经加工的木料表面。表皮纹理如瀑布倾泻而下，随着视点的变化，色彩的深浅、光影的浓淡也不停变化着，同时木材的颜色纹理变幻也变得清晰可见。这种变化也正是在木艺雕刻过程中随着工匠的创作而逐渐呈现在

未完成态的作品身上的。一个微小的触动，都会为表皮带来变化。通过建筑的扭结、折叠、凹凸、开合，表皮也不断变化着，由此激起人们的好奇心和关注。建筑师先创建一个单一的立面，以此为中心，整合起四五个相邻的立面局部。整体建筑呈现出统一的造型，给人以鲜活生动的印象，自洽而又不会背离于环境。

内收的入口向来访者呈现出欢迎的姿态。从底层开始，是延伸了两层楼面的展示厅。在室内，建筑形体的扭结和切口同样向人们暗示着手工艺的概念。同展厅内展示的精美木雕作品一样，建筑本身亦是这种精工细作的成果，是一件更大型的木制佳作。到了晚间，错落的灯光系统如同刻刀在木料上的划痕，不仅带来极富艺术感的视觉效果，凸显出展陈的成品来得不易，更与立面组织以及设计主题形成呼应。■

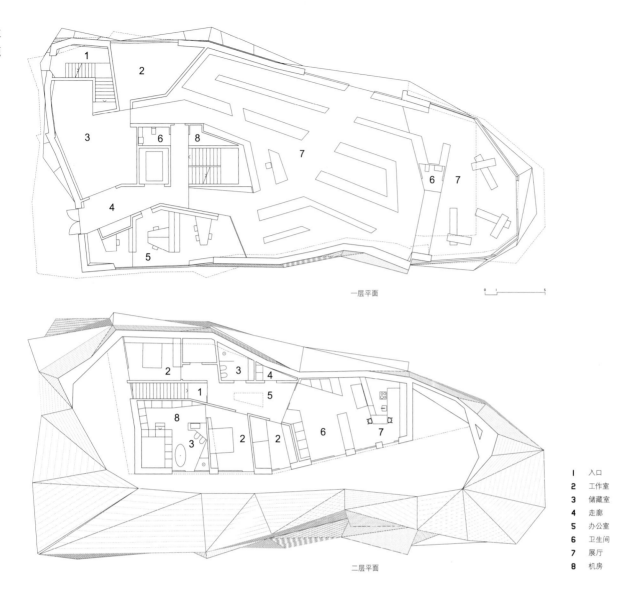

一层平面

二层平面

1　入口
2　工作室
3　储藏室
4　走廊
5　办公室
6　卫生间
7　展厅
8　机房

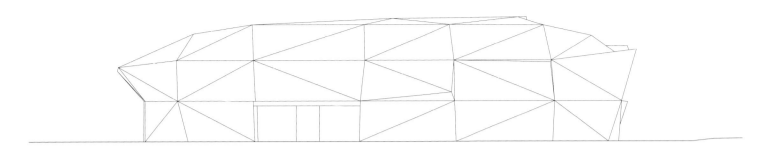

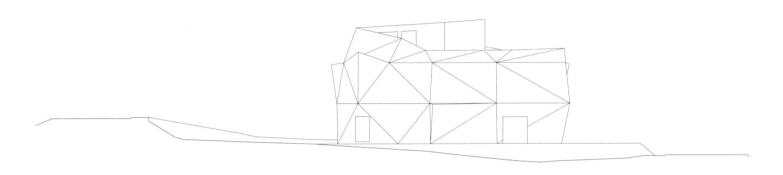

1		4	
2	3	5	6

1　平面图
2-3　富于动感的表皮，扭转的建筑形态隐喻手工艺的概念
4　立面图
5-6　玻璃部分的表皮在室内和室外之间创造出关联

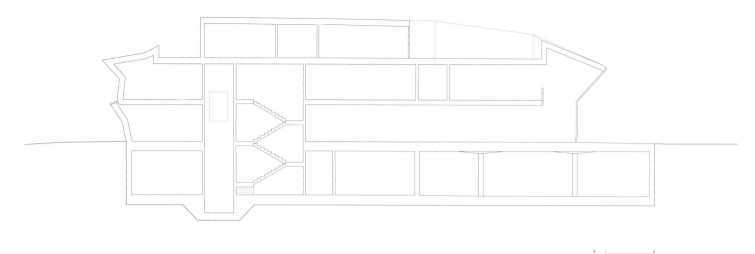

1　剖面图

2-5　表皮的扭转、折叠、凹凸、开合为室内空间的轮廓
　　　和光影带来了丰富的变化

6-10　展厅空间，错落的灯光如同刻刀在木料上的划痕，
　　　与立面组织和设计主题形成呼应

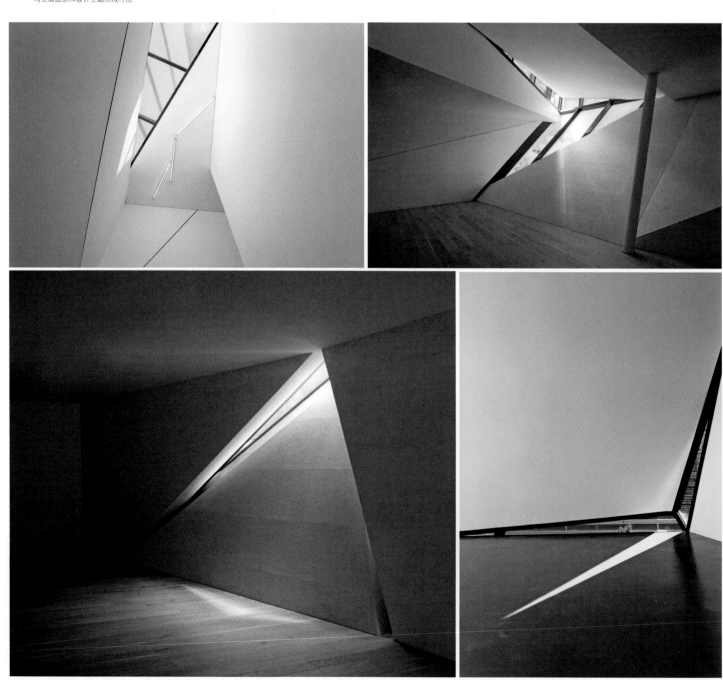

南京六合规划展示馆

摄　影	侯博文
资料提供	张雷联合建筑事务所

地　点	江苏省南京市六合区龙池湖北
建筑面积	7 250m²
设　计	张雷联合建筑事务所
设计团队	戚威、苏欣
设计合作	南京大学建筑规划设计研究院（施工图设计合作）
设计时间	2010年
建成时间	2012年

1 鸟瞰图
2 隔湖远眺，建筑如湖畔之花
3 模型
4 总平面

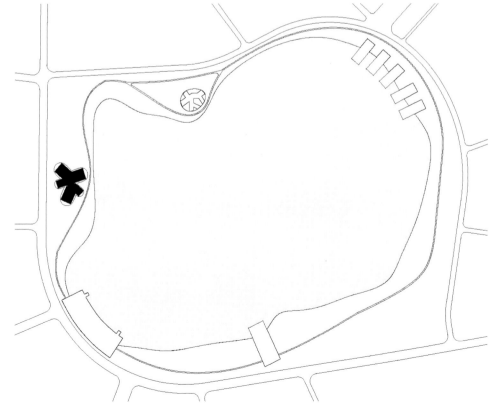

　　南京六合规划展示馆位于南京市六合区龙池湖北侧，紧邻六合区政府，项目总用地面积11 300m²，总建筑面积7 250m²。

　　名曲《茉莉花》采风于六合，传唱海内外。方案以茉莉花为造型概念，将不同体量以花瓣赋型，在不同功能独立分区的基础上，实现各部分景观朝向的最优化配置。建筑体量外围由一层通透的冲压铝板表皮包裹，丰富造型的同时，于内侧形成宜人的庭院空间。表皮构件亦形如茉莉花的小小白色花朵，与主题形成呼应。

　　该馆集规划展示、市民活动、会议培训等功能于一体，成为六合区提升城市形象、完善城市展示功能的标志性建筑。

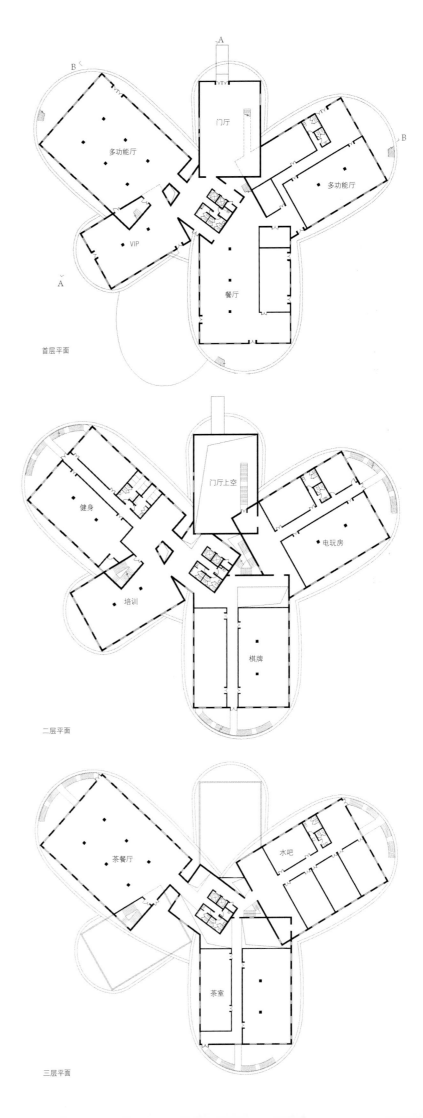

门厅

多功能厅

多功能厅

VIP

餐厅

首层平面

门厅上空

健身

电玩房

培训

棋牌

二层平面

茶餐厅

水吧

茶室

三层平面

1-2 建筑外观
3 各层平面

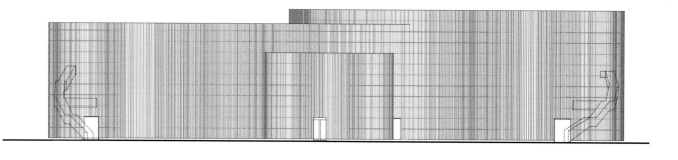

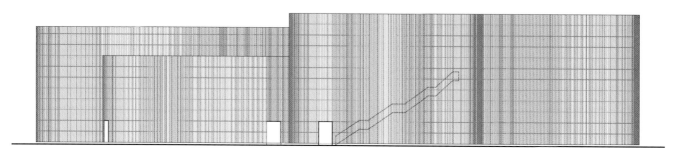

1	4
2	5
3	6

1 北立面图
2 南立面图
3 表皮局部
4 AA 剖面
5 BB 剖面
6 室内空间

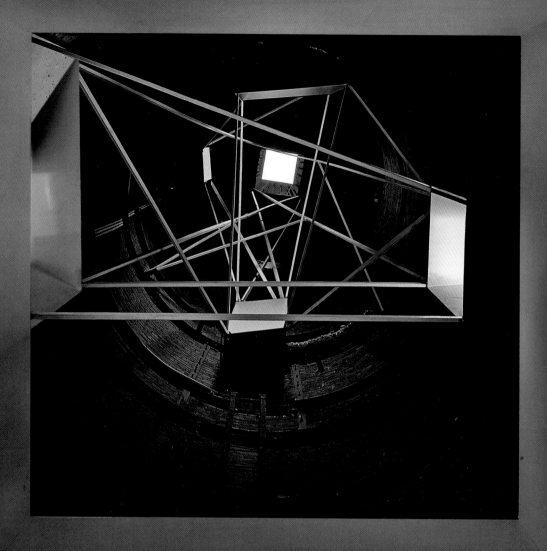

水塔展廊改造
WATER TOWER PAVILION RENOVATION

撰　　文	陈溯
资料提供	META-工作室

地　　点	辽宁省沈阳市铁西区
功　　能	极小展示空间，mini剧场，观景平台
基地面积	20m²
建筑面积	30m²
设计单位	META-工作室（META-Project）
设计团队	王硕、张婧、常倩倩、黄丽妙、林昌炎、汤恒
设计时间	2011年
竣工时间	2012年

1	2
	4
	3

1　在水塔内部向上看
2　原厂区中水塔
3　水塔夜景
4　水塔远景

位于北京的研究－设计机构"META-工作室"近期完成了一个水塔改造项目。这一改造力图将新的现实以一种复杂精巧的方式植入到旧的工业遗址内。

水塔位于沈阳铁西区的一个老厂区内，其基址前身为中国人民解放军第——〇二工厂，是一家成立于1959年大跃进时期的军工厂。作为中国曾经最主要的重工业基地，沈阳铁西区充满了从那一时期保留下来的大大小小的工业遗迹，随处可见的水塔似乎成了反映着这一区域工业历史的独特印记，标识着在持续不断变革的现实中依稀可辨的锚固点。2010年，水塔的转变开始了，万科集团将其周边的几个工厂收购，作为沈阳蓝山项目用地。伴随着周边城市的果断建设，这一水塔却被完好地保留下来——作为原有工业历史的记忆片段，并期望能够在未来成为提供某种公共功能的场所。

对于META-工作室来说，这一水塔提供了似乎是精心设计的线索：从空间上，它恰巧位于铁西区遗留的工业肌理与即将兴起的复合型居住社区之间的边缘上；而在时间上，脱离过去的重工业历史，转型并加速发展的铁西区又将它推到这一新旧时间的交汇点上。我们藉此展开了如何将这一水塔置于连续时空中的改造思路，而并不是将其视为一个孤立的事件：改造后的水塔，其外在形成城市景观中的一个艺术装置，而它的内在将为周边落成后的社区提供一个新的公共活动空间——水塔展廊。甚至在日常的使用功能之上，它还可能成为具有某种精神性的场所。

改造是在对待历史与现实的审慎态度下展开的，并探索如何将新的现实植入历史样本中：一方面，我们尽量不去碰触完整保存的水塔本身，只进行必要的结构加固，局部处理了塔身上原有的窗洞口；另一方面，新加入的部分——一个复杂精巧的装置——被植入到水塔内部，中间的主体是两个头尾倒置的漏斗，较小的位于水塔顶部收集天光，较大的在塔身内部形成了一个拉长的纵深空间，并连接着多个类似"相机镜头"的采光窗—这些将环境光线经过间接反射导入水塔内部的采光窗从塔身上每一个可能的开口"生长"出来。水塔的底部，连接入口与抬高的观景平台之间用回收的红砖砌成可坐的台阶，这里将成为一个"小剧场"，为周边的公众提供一个小型活动或集会放映的场所；从这里向上看，水塔成为一个间接的感受外部世界的感觉器官，光线从顶部的光漏斗及每一个不同形状及颜色的窗洞口进入到水塔中心的隧道内，并在一天之中持续着微妙的变化。而从悬挑出塔身的观景平台向周边望出去，这一装置则成为一个单纯的观察外部世界的取景器。

代表新现实的装置以钢板和玻璃构成，明确的几何形体以及醒目的色彩使之与饱经历史的斑驳的旧砖墙形成充满张力的对比，对现实与历史之间的差异构成一种特定的表达。每到夜晚，厚重的水塔渐渐在黑暗中隐去，而明亮的发光体将成为漂浮在空中的鲜明信号……透过这个水塔的改造，我们提出询问，将如何看待这段历史？又如何理解变革的现实？ ■END

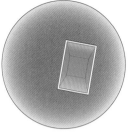

6 H=+25.000

5 H=+15.200

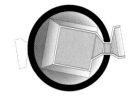

4 H=+13.000

3 H=+9.000

2 H=+6.500

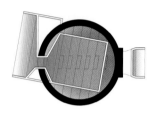

1 H=+2.000

| 1 | 2 | 4 |
| 3 | | |

1 水塔近景
2 标高平面
3 水塔近景
4 水塔外景

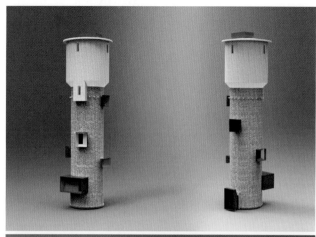

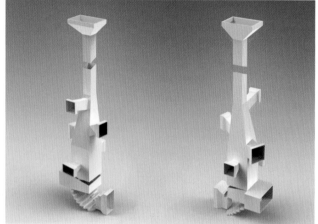

俯视

仰视

东西向剖面

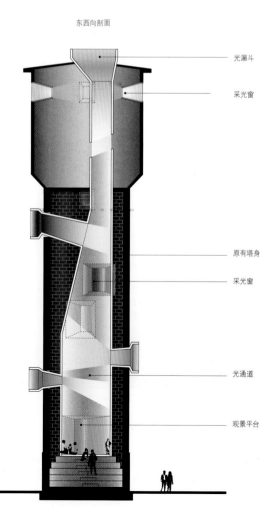

光漏斗

采光窗

原有塔身

采光窗

光通道

观景平台

南北向剖面

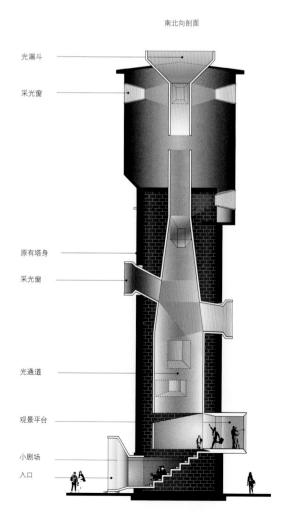

光漏斗

采光窗

原有塔身

采光窗

光通道

观景平台

小剧场

入口

	1	3	5
	2		
	4	6	7

1	总体模型
2	内部装置轴测
3	水塔内向上看与向下看
4	剖面图
5	从小剧场通向观景平台
6-7	水塔内部小剧场

Žanis Lipke 纪念馆
ZANIS LIPKE MEMORIAL MUSEUM

撰　　文	银时
摄　　影	Ansis Starks
资料提供	ZAIGAS GAILES BIROJS事务所

地　　点	拉脱维亚里加市
设计团队	Zaiga Gaile,Ingmars Atavs,Agnese Sirma,
	Ineta Solzemniece,Zane Dzintara,Maija Putniņa-Gaile
竣工时间	2012年5月

Žanis Lipke 纪念馆是 2012 年世界建筑节文化类建筑 shorlist 的入围项目之一，这座小建筑以其素朴却充满人文关怀的独特气质打动了诸多观者和访客的心。

在第二次世界大战中，拉脱维亚被德国占领，在纳粹统治期间（1941年~1945年），超过 6 万名犹太人在集中营遇难。除了极少数种族主义者，拉脱维亚民众大多是反纳粹的，很多人为拯救本地犹太人尽了自己的一份力，Žanis Lipke 和 Johanna Lipke 夫妇就是其中的杰出代表。这对清贫的工人夫妻藏匿起 50 余名犹太人，使他们免遭纳粹的毒手，演绎出一幕拉脱维亚版的"辛德勒名单"。

Lipke 夫妇的住宅以及他们藏匿和照料犹太人的花园如今依然矗立在拉脱维亚里加市 Daugava 河西岸的 Ķīpsala，Žanis Lipke 纪念馆就坐落在 Lipke 住宅附近的空地上，临河而建。纪念馆是由 NGO 组织"Memorial of Žanis Lipke"募集资金兴建的，旨在纪念这一段历史以及 Lipke 夫妇无私无畏的行为。

这座毫无雕饰、没有窗子的黑灰色木建筑形如倒扣过来、在岸上休憩的归航渔船；又象征着捱过洪水回到陆地上的诺亚方舟——载着那些幸存者和上帝决定不加以灭绝的物种。同时，建筑的外观还模拟了 Ķīpsala 当地渔民与水手扎营的黑色棚屋。

参观者进入展馆，需要经由一条狭长的封闭甬道。灰黑色的木墙，隔开室外明媚的风景，将人们的心绪逐渐带入沉郁阴暗的环境，从而联想起纳粹统治下压抑的氛围。一出甬道，地下一层、地上二层的巨大建筑体量豁然出现，带给参观者视觉上的冲击感。中央一个开放的竖井将 3 层空间

在垂直方向上连接起来，令视线可从阁楼直达地下室。地下室内是一个混凝土掩体，跟 Lipke 夫妇原来在花园地下室藏匿犹太人的掩体尺度相同，里面的墙上垂下几张床铺，摆放着一些日常用品，呈现出当时藏在里面的人的生存状态。参观者不能进入地下室，只能从地面和阁楼上看下去。

一层在地下掩体的正上方，是被称作"sukkah"的空间，一个脆弱的、脚手架般的木建筑体，没有顶，内墙用透明的纸糊成，外面覆着黑色的木板。"sukkah"是犹太人三大节日之一住棚节的临时建筑，为了纪念古代以色列人离开埃及后，在旷野中流浪期间所住的棚屋，并感谢耶和华在这期间供养了所有犹太人的饮食。这样一个空间的设置，隐喻着 Lipke 夫妇的临时庇护所就如同"sukkah"一样，虽然凋敝残破，却护佑着犹太人远离迫害，熬过磨难，最终达到美好的"应许之地"。在这个"sukkah"的纸墙上，Kristaps Ģelzis 用极轻的笔触绘出郁郁葱葱的夏日山谷景色，只有在很好的光线条件下才能辨别出来。这图景可以被视为对应许之地的想象，也可以被视为战前拉脱维亚的夏日田园风光，它代表着生命的坚韧和生生不息，也代表着希望和对自由的向往。

"sukkah"之上是阁楼空间，里面有一些展柜，展示 Lipke 一家的故事以及那些在解救犹太人的行动中帮助过他们的人。参观者可以从阁楼的竖井观看下面两层——真正的庇护所，混凝土掩体以及象征意义上的庇护所"sukkah"。这对参观者来说，其实是从一个"未来"的点上回看过去，在这个点上，无法辨识细节之处，但是可以获得更宏观的图景——历史的轮回、普世的价值观以及永不妥协。 END

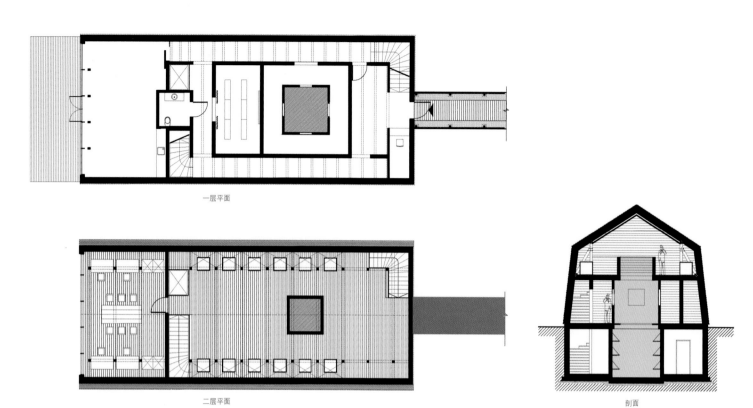

一层平面

二层平面

剖面

1		5
2	3	6 7
	4	

1　平面及剖面图
2　外观
3　立面局部
4　庭院
5　进入展馆需经由一条狭长的封闭通道
6-7　通道内外

```
 1      5
2  3
   4
```

1　阁楼
2　木材质的应用
3　"sukkan"空间
4　通往庭院的休息厅
5　从地下掩体仰视,在黑暗中等待光明

上海电影博物馆
SHANGHAI FILM MUSEUM

摄 影	Tilman Thürmer / COORDINATION ASIA Ltd.
资料提供	协调亚洲
地 点	上海市漕溪北路595号
面 积	15 000m²
设 计	协调亚洲
合作设计	上海美术设计公司
竣工时间	2013年6月

不同于其他任何形式的博物馆，电影博物馆将人们的个人生活与记忆联系在了一起。在艺术总监迪尔曼·图蒙的指导下，协调亚洲为新的上海电影博物馆创造了一个以互动和对话为推动力的博物馆体验环境，它将参观者从上海电影的故事中变成一个积极的参与者。

上海电影博物馆坐落于上海繁华市中心徐家汇的上海电影制片厂旧址上，新的电影博物馆坐拥4层楼层，有着70多个互动装置以及3000多件历史文物展品。在逾15 000m²的博物馆展示空间内，分享了上海电影业从传奇的1896开篇时代直至今日3D电影风靡一时的点点滴滴。作为这座城市的第一个电影博物馆，它将成为上海电影在国际影坛占有一席之地的巨大助力，同时也有利于将对电影的产业价值的感知力提升到全国范围。

在真实的录音棚中为经典的译制影片配音，行走在仿如现实的上海南京路摄影场景中，亦或是在"灯光地毯"上过一回明星瘾，千万虚拟粉丝和摄影师的闪光灯试图捕捉刚刚经过的"明星们"……在上海电影博物馆，参观者成了电影中的一员，并被邀请积极参与到其中。融入电影世界的关键概念成为了贯穿上海电影博物馆的主线，以国际化的新文化热点吸引力结合一定的本土特色，将历史文物与周围的互动环境无缝地衔接在了一起。

博物馆的参观者能在此邂逅瞻仰上海电影史上最为著名的面容和地区，更能前所未有地近距离接触电影名人与电影场景。4D相册承载了电影人的记忆与人生故事，同时也展现了电

影如何慢慢渗透并注定成为了上海这座城市每日生活中的一部分。上海曾经最成功的电影制片厂在馆中通过文物与多媒体相结合的形式栩栩如生地展现在参观者面前。展厅中的亮点之一便是对这些“梦幻工厂”所获成就的惊鸿一瞥。一个50m长的互动电影“河流”展现了自1949年至今的电影岁月。通过“触摸，开始互动”装置，参观者可以垂钓“河流”中的影片进行深入了解。上海电影的成功故事和文化重要性通过荣耀时刻以及众多的奖杯得以证明。

新的博物馆不仅仅是“历史的殿堂”，它同时通过全套装备的实时现场工作室使人们清醒地意识到当今以及未来的电影产业现状。在这些工作室中，参观者可以体验参与一些电影制作的流程。专业的动画工作室、后期制作工作室、声效工作室以及现场录播工作室带领参观者了解了电影产业中运用传统技艺以及现代数码科技为银幕创造新篇章的流程及特色。新一代的电影参观群体在此能体验上海电影产业的蓬勃发展，以及为这个城市所创造的灿烂光辉的明天。

联系过去、现在与未来，并结合诸如DIY工作室、4D影院、多功能宴会厅、博物馆商店和光影星吧等功能设施，上海电影博物馆代表了一种新的博物馆设计感官。它是一个生动的“鲜活”的环境，使专业参观者与非专业观众共同分享知识、交流互动、受到启迪的聚会场所。这种对于交流与对话的激励正是协调亚洲对于电影博物馆设计理念的核心：成为继承传统、分享故事的社区——而最激动人心的部分永远未完待续。END

1	2	4
3		5

1 一层迎宾台
2 一层展示空间
3 二层电影动画工作室
4 平面图
5 四层星光大道

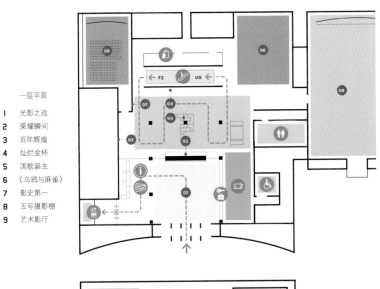

一层平面

1　光影之戏
2　荣耀瞬间
3　百年辉煌
4　灿烂金杯
5　国歌诞生
6　《乌鸦与麻雀》
7　影史第一
8　五号摄影棚
9　艺术影厅

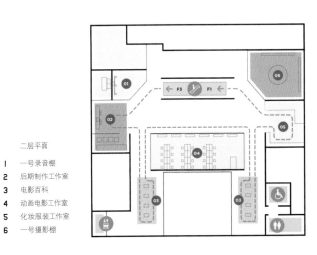

二层平面

1　一号录音棚
2　后期制作工作室
3　电影百科
4　动画电影工作室
5　化妆服装工作室
6　一号摄影棚

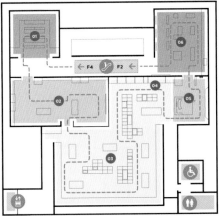

三层平面

1　影海溯源
2　梦幻工厂
3　光影长河
4　大开眼界
5　译制经典
6　动画长廊

四层平面

1　星光大道
2　星耀苍穹
3　大师风采
4　水银灯下的南京路
5　百年发行放映

河之畔

上海电影技术在中国电影发展各个历史时期均处于领先水平。中国第一部有声片、第一部彩色片、第一部动画片、第一部宽银幕片、第一部立体声片都是由上海影人率先摄制成功的。上海电影技术工作者自行研制的电影摄影机、录音机、还音机、照明灯具、特技和洗印设备、光学技巧印片机、洗片机、放映机、电影胶片均已广泛应用于我国电影行业中。上海电影技术厂洗印制作的影片拷贝长达11亿米，可绕行地球27.5圈。上世纪末，上海又率先应用数字技术进行电影拍摄、特效、动画和后期制作，并利用数字媒介进行影片的发行和放映，这一系列成就，既得益于上海在中国经济和文化的聪明才智，他们常年在璀璨位，也得益于上海电影技术工作者的聪明才智，他们常年在璀璨的银幕背后默默奉献，是当之无愧的幕后英雄。本展区集中展示上海电影不同历史时期的技术装备，通过精选的电影摄影机、录音机、剪辑机、洗片机、放映机等展品以及上海电影技术工作者的文献史料，从不同侧面反映电影从拍摄，到后期制作，再到洗印、放映的技术实现步骤。

BANKS OF THE RIVER

Shanghai has led the way in film technology at different stages of Chinese cinema. China's first sound film, color film, wide-screen film, animated film, stereo film, and 3D film were all produced in Shanghai. Shanghai-developed film cameras, sound recorders, sound reproducers, lighting bulbs, special effects and pyrotechnic equipment, optical effects printing devices, film developing equipment, projectors, and celluloid have been widely used in the Chinese film industry. The length of all the film copies developed and printed by the Shanghai Film Technology Studio totals 1.1 billion meters, which could circle the Earth approximately 27.5 times. At the end of the 20th century, with the development and wide use of digital technology in filmmaking, Shanghai pioneered the use of digital technology in Chinese cinema, leading the way in digital shooting, digital special effects, digital animation, digital postproduction, and digital distribution and exhibition. All of these are attributed to Shanghai's unique status in Chinese economy and culture, as well as to the extraordinary gift of the filmmakers of Shanghai. Behind the glamour of the silver screen, Shanghai film technicians have been quietly making great contributions to Chinese cinema. They are indeed the true heroes behind the silver screen. This exhibition area showcases the technical equipment used by Shanghai filmmakers in various historical periods. Through the displayed film cameras, sound recorders, editing boards, film developing facility, film projectors, and some historical documents about Shanghai film technicians, visitors will be able to get a glimpse of the filmmaking process, from shooting to post-production, and from developing to projection.

| | 2 |
| 1 | 3 |

1　三层"河之畔"
2　三层光影长河
3　四层星耀苍穹

当艺术走进空间
——北京韩美林艺术馆二期南展区

撰　　文	藤井树
摄　　影	炎青
资料提供	杭州典尚建筑装饰设计有限公司

地　　点	北京通州区"梨园"主题公园
面　　积	3 000m²
建筑设计	北京三磊建筑设计有限公司
室内设计	杭州典尚建筑装饰设计有限公司
基本材料	地砖、大理石、乳胶漆、地板和地胶板
竣工时间	2013年6月

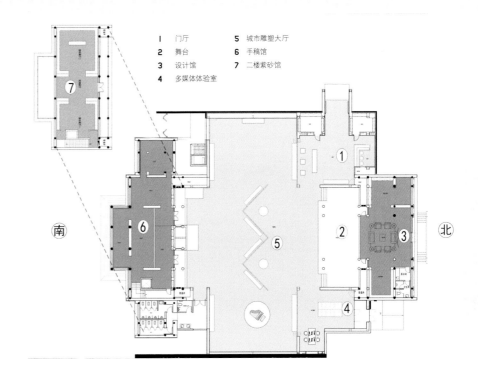

1　门厅　　　　　5　城市雕塑大厅
2　舞台　　　　　6　手稿馆
3　设计馆　　　　7　二楼紫砂馆
4　多媒体体验室

1　城市雕塑展厅，钢琴与雕塑互动，作品还在布置准备中
2　二期南展区总平面
3-4　雕塑展厅另一面，巨大的铜质牛头，12m高的天书像天幕一样从天而下，人字形天顶更加强了观赏的仪式感

　　从杭州典尚设计杭州韩美林艺术馆室内至今，一晃已近十年。期间典尚还于 2008 年完成了北京韩美林艺术馆室内设计，同由其设计室内的南展区也于今年扩建完成。面对当下国内展示空间雷同的观赏经验，典尚却能横跨十年，围绕同一个艺术主题进行系列空间设计，其设计总监陈耀光表示"这次新馆的设计思路，主要还是来自十年来对艺术家创作状态的关注及每个时期不断求新的灵感冲动。"与艺术家的创作思想同步、表达不同作品内涵在不同空间场所的内质效果，对设计团队而言，这绝不是经历的简单重复，面对类同挑战，陈耀光还是那句"看得见的场所，看不见的设计，让设计消失在空间中，让作品的灵魂从沉淀中渗出来……"
　　艺术馆南区建于主体馆南面，原为梨园公园建造的仿古传统小楼，以人字形现代建筑构架将南面茶楼、北面戏楼连成的传统与现代相融的综合体，即二期新建的南展区。据陈耀光介绍，韩美林先生是不断创新又多元的艺术家，有相当多的草图、模型、手稿需展现，而原北展馆缺少对作品创作过程的介绍，为满足社会各界想全面了解韩美林作品的需求，南展区专门设立了"三馆一厅"，即设计馆、手稿馆、紫砂馆和城市雕塑厅（雕塑厅即将近12m高的中厅）。
　　传统东方与当代国际相融的艺术品，新旧建筑交替的空间，如何让作品的气质与空间的意蕴同时渗透艺术灵魂的最大深度，是设计的重心。所以，设计师并没有使用太多的装饰符号和设计表现，只是在空间的交接界面上，有意凸显一种强烈反差，以大面积空旷的现代白色围合局部的古典红色，包裹着两端茶楼和戏楼古典的局部立面，用东方的戏剧效果演绎当代的写意手法，夸张的尺度让人耳目一新。原戏台被保留完好，成为整个公共空间的视觉焦点，既是一种形式感，更是诸多大型艺术主题活动的主席台。
　　"人们已经开始疲劳于当下展示空间雷同相似的观赏经验了。这次新馆的设计思路主要还是来自十年来对艺术家创作状态的关注及每个时期不断求新的灵感冲动。"陈耀光表示，他希望传统静态的美术馆成为当下更热衷互动式的观摩形态……材料是当代的，手法是对比的，组合是感性的，气韵是东方的，21世纪的观众在现代空间中也能遥听感知中国传统文化令人震撼之处。美术馆是一个城市的精神空间，不仅在这里感知艺术作品，从而了解艺术家的工作特性；更感知空间，感知隐藏在空间设计背后对城市、历史和材料的思考。END

南馆（二期）   北馆（一期）

1　建筑效果图
2　钱王射潮青铜雕塑模型
3　设计馆兼书房局部，嵌有反射顶光与中国红书房相呼应
4　入口门厅立面，从国家博物馆刚展览完运回的一组当代佛像作为
　　壁照，右侧为开放式大厅，以期待入场的观众
5　大厅一侧，只有平面感，没有凸显感，只有方向感没有速度感
6　门厅局部，服务前台和寄包柜
7　门厅与大厅局部
8　雕塑展厅作品

```
1       6
2   4   7
3   5   8 910111213
```

1　手稿馆、紫砂馆的立面，保留原有木结构，古典镶嵌简约，
　　传统渗透现代由内而外
2　紫砂馆局部
3　山水画手稿馆，中央为一尊几千年的阴沉木山水主题木雕
4　书法手稿馆
5　陶瓷手稿馆
6　舞台，黑、白、红三色，强烈的中国东方特色，传统戏剧、建筑、
　　人文殿堂的当代意向
7　建筑立面图
8-10　在空间以不同形态和题材放置于不同位置的城市雕塑小样
11-13　陈耀光与艺术家韩美林先生一起在现场探讨设计效果

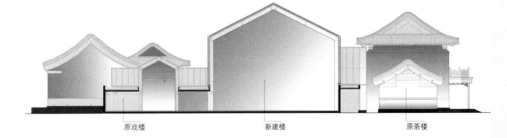

原戏楼　　　新建楼　　　原茶楼

La Muna 山间度假屋
LA MUNA

撰文	银时
摄影	Laziz Hamani
地点	美国科罗拉多州阿斯彭
占地面积	325m²
设计	Oppenheim Architecture + Design
竣工时间	2010年

1　在苍穹下入浴
2　雪景
3　总平面图

美国科罗拉多州阿斯彭地区的红山（Red Mountain）是一个著名的滑雪胜地。海拔1590m的红山以林间滑雪、厚雪和对单板爱好者的吸引、高山速降和跨国滑雪者而知名，这里也是奥林匹克金牌得主 Nancy Green 和许多加拿大的奥运选手的训练基地。同时，山区中也有着极美的自然景色，因此，来度假或滑雪的人们如果有经济能力，都乐于在此地置办一处或豪华或简朴的别墅、度假屋。

La Muna 就是这些度假屋中的一座，原有的建筑是红山地区建造的第一批房子，Oppenheim Architecture + Design 使用产自本地的再生的木材、石头、钢材等，对已有建筑进行了彻底的翻修，将其打造成一个令人惊叹的世外桃源。

从外观上看，建筑仍然保持着 30 年来简

单朴拙的样子。设计者将原建筑杂乱无章的状态作了整合清理，理顺了空间秩序，首先在形态上与周围的森林、溪流融为一体，成为田园诗歌般的景象中一个和谐圆融的组成部分。

庭院和室内的设计中，设计者更多地采用了传统的日式风格，表现出设计者对日本"空寂"美学的深刻理解。映照出每一天光影变幻的小池塘；形状厚实质朴的家具、摆设、茶具；保留着原木形态的室内建筑构件……在所有这一切细节中，东方的禅意与建筑所在场地那种超脱于世俗生活之外的气氛水乳交融。

设计者在环保方面做足了功夫，在材料选择上，尽量选用本土的、天然的，甚至是回收的物料，以期尽可能少地占用资源和给自然环境带来负担。水电的能源来自太阳能板，也是无污染的清洁能源。大面积的隔热绝缘

玻璃窗体能够带来充分的自然光，可以减少电力的消耗；同时更模糊了室内外的界限，让屋中的人可以无阻碍地建立起与屋外的天空、阳光、风、林木等自然元素和环境的关联与情感。

在这样的空间中，人们会自然而然地静下心来，思绪自都市的喧嚣和浮躁中沉淀下来，返照到一个人内心真正的意愿和念头。在开敞的窗边，居住者可以毫无遮挡地欣赏绝美的山林景色，日出日落，花开花谢，体会自身作为大自然的一部分而融汇入那一片无垠中的自由感；而在空间中幽暗封闭的处所如卧室、冥想室中时，那种身处旷野中的一隅栖身之所而带来的宁静与受庇护之感，又会令人感到温暖、安全，意识由外放变为返归自我。这里，是人们与自我相遇之所。

一层平面   二层平面   三层平面

```
| I  | 4
| 23 | 5
```

I   各层平面
2-3 无敌的景致与光影变幻的小池塘
4   材料分析
5   厚重的石墙与通透的玻璃，都能融入场地环境中

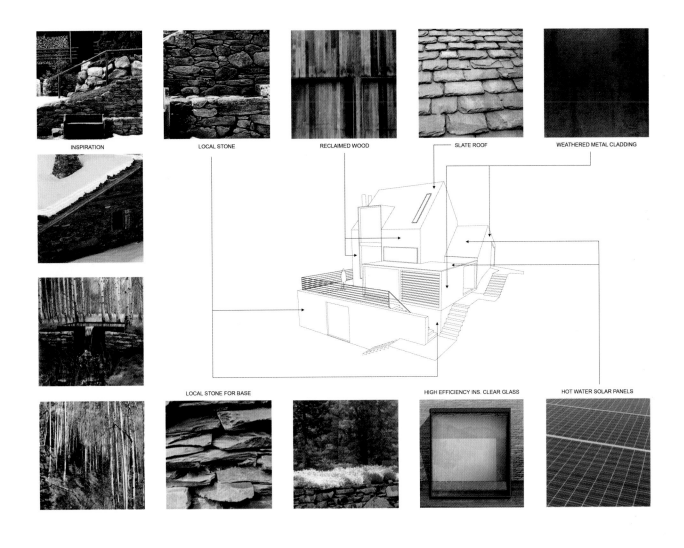

INSPIRATION   LOCAL STONE   RECLAIMED WOOD   SLATE ROOF   WEATHERED METAL CLADDING

LOCAL STONE FOR BASE   HIGH EFFICIENCY INS. CLEAR GLASS   HOT WATER SOLAR PANELS

1 形状厚实质朴的家具与保留着原木形态的室内
   建筑构件搭配得恰到好处
2 有风景的地方，总有大幅面的窗与舒适的沙发
3 立面图
4 起居空间，富有东方情趣的壁饰和摆设

1	3
2	4

1　楼梯，不同材料的衔接
2-4　或明或暗，或半明半暗，在不同的空间中可放任思
　　 绪的畅游，或收敛灵性的内省

	4
1	
2 3	

1　厨房风景
2-3　室内一角
4　在阳光和毛皮的环境中度过闲适的假日

解
读

王琼：跳离框架的艺术家

撰　　文 ｜ 王瑞冰
资料提供 ｜ 苏州金螳螂建筑装饰股份有限公司王琼设计工作室

王琼

教授，高工，硕士生导师。1961年出生于上海；1982年毕业于西北师范学院美术系；1982年~1985年执教于天水师范学院；1985年~1997年执教于苏州城建环保学院；1997年正式进入苏州金螳螂建筑装饰股份有限公司，历任公司副总经理、总设计师、设计研究总院院长；2008年，公司与苏州大学联合办学，兼任苏州大学金螳螂建筑与城市环境学院副院长。

从事室内设计行业30余年，大小作品百余项，始终坚持弘扬中国传统文化，并保持一贯的创新精神，具有敏锐的前瞻性。20世纪90年代初开始接触国内宾馆设计，90年代后期开始与香格里拉、喜达屋、洲际等国际知名酒店管理集团合作，设计项目有常州九洲喜来登大酒店、常州香格里拉大酒店、海口香格里拉大酒店、常州富都商贸饭店，改造项目有青岛香格里拉行政层改造设计、长春香格里拉行政层改造设计、上海浦西洲际酒店局部改造设计等。另还与其他酒店管理公司多次合作，如维景、君华、费尔蒙、开元、建国、锦江、金陵等国内外知名品牌。

2000年、2001年、2002年，连续3年获中国室内设计大奖赛一等奖，并于2002年底被评为年度最佳设计师（全国仅两名）。在2003年中国建筑装饰协会举办的"首届全国建筑装饰行业优秀科技论文"评比活动中，两篇论文同时获奖。2002年、2006年、2008年、2010年、2012年，设计作品分别获全国建筑装饰工程奖（公共建筑装饰设计类）。

1998年合著出版《室内设计的快速表达与表现》，2006年出版《王琼室内设计作品集》，2007年出版《酒店设计方法与手稿》，目前担任《中国当代设计全集》（商务印书馆出版，"十二五"国家重点图书出版规划项目）第三卷建筑类编"室内"篇主编。

ID =《室内设计师》
王 = 王琼

美术给了我一个最好的底子

ID 能否描述下您大学之前的成长经历？

王 我出生在上海，我父亲做园林设计，我母亲是医生。小时候就一直看我爸爸画古建图，还帮他画过，人家玩儿童玩具，我玩那些苏式盆景山石上的小铁桥、小亭子，种点青苔，浇点水……让我对苏州园林的一些构架还蛮熟悉的，后来做的好多设计也都有这些影子。

后来我爸爸在文革期间受到些冲击，在我六岁（1967年）时，去了西安，在我读到小学三四年级时，再到天水。在西安时很羡慕其他小孩能玩在一起，但我是受冲击家庭的孩子，没人跟我玩，争也争不过人家，就不争了，就自己玩自己的，很低调，而且始终很好学，会站旁边看人家怎么玩。到了天水，情况好一点，因为都是工矿企业和设计院员工家庭，毕竟读书人比较多，我们那时一起玩的孩子也都是没有话语权的弱势群体。少年时代，家庭受到冲击，反而让我有了一个比较好的状态，倒不是知识上，而是养成了比较强的耐力和包容度，这种性格对我之后的成长是有帮助的。

ID 您之后到西北师范学院美术系学习，为什么会选择美术系呢？

王 我的中学一直是在大批判中度过的，基本学不到东西，但毕业前我一直在画。当时我在天水市三中，每个中学都在市政府门口有个宣传栏，每一期都要出，那时画报头报尾、边栏、题花、抄文章，还跟其他中学PK，能力就慢慢提升了。1976年高中毕业，遇到下乡，也没下多少时间，因为我父亲要我学画，让我留城，自己又到砖瓦厂烧砖，很早就从事劳动了。当时在砖瓦厂烧砖的所谓地富反坏右，其实很多都是精英，跟我搭档的还上过系统的私塾，文化非常好。1978年全国统一高考，因为从小就喜欢画画，就报考了3个学校，北京电影学院的舞美专业，西安美术学院，西北师范学院（现为西北师范大学），初选都录取了，但前两个学校的点赶得不好，就考了西北师院的油画专业。

那个年代的孩子高中毕业要么插队回乡，回乡后就工作，整个天水当时就两个上大学，我又不是应届生，所以很珍惜这个机会。那个年代也非常好，百废待兴，前两批老师也特别精英，所以我们都非常好学刻苦，在教室画石膏像，也没有关灯熄灯的说法。色彩、素描、史论、教育学……都得到了系统性训练。

因为文革十年憋了很多人，当时我们班上20多个同学，我是少数几位年纪小的，大多是大龄的，个别的已有40多岁，都出版过好多作品，结婚有了孩子的也好多，社会经验都非常丰富，所以一个是跟老师学，一个是跟同学学，这些年长同学经常会从不同角度去认识和考虑问题。

我觉得在那个不能学到太多东西的年代，无论是上学前跟所谓地富反坏右的接触，还是我的爸爸妈妈，年长的同学，都让我在那几年能够以海绵一样的状态，集中地汲取知识和营养，无论是做人还是做事，无论是文化知识，还是对社会价值观的认知，尤其大学4年是一次真正的系统性学习。

ID 您觉得美术给您带来了什么？

王 美术起码让我具备了作为设计师必不可少的修养。艺术强调来源于生活，美术多年对眼手脑的训练，慢慢锻炼了我对生活中包括自然的美、表象的美以及深层行为的观察和捕捉能力，以及创造性，而且我始终没办法脱离手绘本身给我带来的愉悦甚至亢奋，这是一种兴趣，我很享受这个过程。顺畅的手绘表达能力让我想到什么，随手就能画出来，形象记忆力非常好，甚至对音乐等跨领域的形而下的具体语言都有一定感受力。

除了专业训练，我们当时还会学美术史、艺术史、工艺史、设计史、文艺概论、艺术哲学等，让我们既有形而下的感知，又有形而上的体系。从学科角度，其实美术更偏向社科人文，研究人、感受人，而室内设计也是为人服务，讲究从人的感觉如嗅觉、味觉、视觉等出发，塑造一种综合的情感和气场。设计其实就是精神的物化，精神，尤其是物化的基本功，大都来自我原来在美术上的钻研，美术给了我一个最好的底子，我也无时无刻不在运用这些底子。

常州大酒店

从美术到设计的跨界

ID 大学毕业后,您就从事教育……

王 第一份工作就是教书,因为我上的是师范学院。1982 年毕业以后,整个社会又都很需要老师,我就被直接分配到天水师范学院教油画教了 3 年,虽然传统的师生如父子,但那时我们年龄都差不多,既像朋友,又像兄弟,又是师生,建立了非常深厚的感情。

在天水师院教了 3 年后,因为我爸妈都调回去到了苏州,而且我那时的对象也是现在的太太就是苏州人,所以 1985 年就调到了苏州城建环保学院建筑系。城建环保学院当时刚刚筹办,1985 年下半学期开始第一届招生,当时有 3 个专业,规划、建筑学、景观(室内设计专业是后来才开始筹建),师资也非常强大,建筑系主任是张家骥,哈建工、天大、重建工、同济有些毕业生分配到这里,也有些从外地调回的年长老师,美术教研组也多半是从鲁美、山西大学等院校调回。我当时是在美术教研组,为建筑学专业上些基础课,包括素描、色彩、水彩水粉渲染、效果图等,这些对我们这些艺术院校的人来讲都非常简单。

ID 后来您就开始转向室内设计,这个转向过程是怎么样的呢?

王 在 1992 年以前,我除了学校收入以外,还卖油画办个展,但我后来卖得很痛苦,因为我当时画的都是带创作性的写实油画,一年大概画十几张,有时甚至两个月才画一张,投入很多感情,通过画商卖就像卖儿卖女一样,虽然赚了点钱,但自己的作品都没了。我就感觉不能卖画了,也不要赚这钱。

刚好那时兴起外立面和室内装修,就开始转画效果图,因为我在学校主要就是教画效果图,很容易就上手了,赚这钱也不伤感情。原本是希望用画效果图赚的钱,让我专心创作油画。我记得最早画一张效果图能赚 50 块钱,后来慢慢升啊升……我们系里几个老师就陆陆续续私下形成一个"游击队",帮多家公司做方案。那时国内室内设计行业已经起步,但除了中央工艺美院有装饰专业以外,其他学校都还没这个专业,所以这个行业早期大多是学建筑和学美术出身的。

可能因为第一我是学艺术出身,对材质、色彩、形态等天生敏感;第二,文学底子还不错,文笔也好,对唐诗宋词元曲都很感兴趣,看的艺术书本来就很多,甚至我那时还是哲学迷,尼采、叔本华、弗洛伊德,甚至黑格尔都看;第三,我们建筑系哥几个学建筑出身的,谈建筑,我不服输,为了在建筑系有话语权,就必须研究清楚建筑,也开始拼命看书了解柯布西耶、密斯,从包豪斯到现代主义……就导致我慢慢开始转变,而且转变得还比较流畅,在思想体系上,建筑跟美术本来就不是隔得很开,不外乎再加点对尺度和空间的把握,而室内设计跟建筑还不太一样,更需要有艺术天分的人从事,我相当于是从艺术家、文化人的身份转成室内设计师,所以界限一下就跨过去了。

1 / 3 / 2 | 4 / 5 / 6

1-3 海口香格里拉酒店
4-5 蝶餐厅
6 常州九洲喜来登大酒店中餐厅

职业化路径，首先是为客户解决问题

ID 1997 年，您开始任职于金螳螂至今，跟金螳螂的机缘是怎么开始的呢？

王 1992 年上半年，我们在苏州已经有点小名气，朱总（朱兴良）看到我做的一个方案不错，就叫帮忙做个方案，那时他的公司还不叫金螳螂。原来合作的几家老板都蛮抠门，他很爽快，所以我们对他印象非常好，就答应他了，同时还在帮 6 家公司做，但每天他安排的图，第二天就画好了，我们那时基本都干到后半夜。

合作过几次后，他就想组建一个固定的设计部门，我就说当时行业处于萌生阶段，要组建就组建比较正规的学院派设计部，初步建立起一个比较好的平台。因为当时社会上很多图乱七八糟，包括方案图的效果，施工图的深度、步骤、基本图例等都没有系统性的标准，而我们哥几个当时都是学院老师，对建筑设计类的基础教育已经在做一些初步性改变，我们认为学院派的方法论和设计路径相对科学，当时我们室内图主要沿用了建筑图的一些标准和方法，还招了一批学生包括我们学校的、南艺的、同济的等。另外，我也提到公司如果要正规，工程部经理最好学设计出身，才能更好保证专业性，因为他原来的工程部经理都是从农村出来，审美、文化知识架构太单薄。就这样，我们先回绝了其他 6 家公司，1992 年开始筹划，1993 年金螳螂公司成立，最早设计部就八九个人。

1993 年，一个朋友从日本回来，给我们看他用喷枪画的电视遥控器，喷枪喷出来的渐变非常细腻，早期的水粉水彩跟喷枪的效果简直没法比。早期在国内买不到喷枪，我们就到处找……我估计我们在全国都是玩喷枪的第一批。后来我们的效果图拿出去是屡屡中标。我们公司那时非常小，人家听都没听说过金螳螂，但我们的图纸一拿出来，人家都吓掉，因为画得非常漂亮，也很专业。因为喷枪，我们公司占了很大先机。再往后一两年开始有 CAD，也比较巧，我们公司陈老师那时是电脑迷，所以我们也是整个苏州地区最早用 CAD 画图的一批，一下就很震动。因为尝到过技术的甜头，我们知道设备的重要，也很热衷技术的更新。然后我们一步一步走，越做越庞大。

ID 金螳螂设计院发展到现在 2000 多名设计师，设计师一般都会比较排斥管理，您还是作为艺术家出身的设计师，您如何管理这么大的设计院？

王 这要从 20 世纪 90 年代末 21 世纪初说起，金螳螂设计院从十几个到 100 多个人时，出现了几个瓶颈，第一是我需要寻求在管理上的突破，我开始也比较排斥管理，因为对管理完全陌生，但尝试跳离本身职业框架去看问题后，就发现一些新的东西，很多大师也认为职业框架会把人框住；

第二个瓶颈，设计方向该怎么走；第三，公司要怎么发展，是朝个人事务所，还是类似 SOM 这样的集团性公司发展。

其间还有段小插曲，大概在 1999 年 ~2002 年，我在国内疯狂作秀，人很膨胀。本来我们都是在苏州这种小地方闷头做，公司当时也只是局部性公司，接触外界主要通过学校的一些境外教授的讲座等，其实眼界也不低，但很少曝光，也不知道自己水平多高，有点武侠小说里，钻在山沟里，可能是个高手……我当时做昆山宾馆，赵毓玲老师看我们的一些东西挺有意思，就让我发表，参与一些社会活动，我就突然认识全国很多做设计的人，结果一玩，很顺畅地拿了几个大奖，一下就很膨胀……

很感谢刘恒谦，他当时带我们去他的美国 MG2 事务所参观。他们事务所大概 100 多人，专门做 Shopping Mall，我就跟他们一个资深老爷子聊，想跟他聊 Frank Gehry，但他很平静，对 Frank Gehry 不是很热衷，却很兴奋地谈起自己在全球做的 8 个沃尔玛，因为他将自己看做职业设计师，沃尔玛作为当时全球大型购物超市第一品牌，能够不断找他做设计，就代表非常认可他的设计，不仅在形象设计，更在于他能帮客户解决问题，沃尔玛就是他的最优质客户。像做酒店，如果四季或香格里拉认可我，我会很高兴。

这次美国之行给我带来了非常深刻的认识上的转变。之后我就不太参加社会活动，不太参加评奖。我们觉得要做职业化，要把金螳螂做成像"大型医院"一样的权威机构，通过构建一个共享的大平台，把无数个专业小作坊融合起来，可以卖高端产品，也可以卖低端产品，但首先都是要为客户解决问题，而不是讲究个人风格。这就带来管理上的转变。

首先是标准化，基于科学的方法论和路径建立起一系列标准，以此来构架和管理团队，并保证技术的权威性和项目的可控性，最终做出能解决客户问题的完整成熟的产品。比如我们的 50/80 路径管控体系，就是通过对一个项目从 0% 到 100% 进度过程中的重要节点进行管控，保证能够及时发现和解决问题；还比如一个项目需多少时间人力物力，产品到什么程度才可以合格输出等，我们都有一套清晰的衡量标准。

其次是扁平化管理模式。大平台构建好后，还要有专业性，金螳螂设计院下设无数分院，各个分院都有各自的专业倾斜性，包括运动场馆、酒店、会所、住宅等，倾斜专业不同，平台给其分配资源的标准也不一样。分院的专业性就带来整个平台的专业性。

具体到对设计师个体的要求，评图时，我首先会关注功能解决得好不好；第二有没有线下

设计,有没有对成本各方面的控制,有没有对设计团队的控制,有没有返工,返工原因是什么,图纸的深度有没有失控……把这些问题解决了,我觉得才能称为优秀的职业设计师,而不太关注风格,至于能否成为大师,这需要很多条件包括天赋、机遇等,靠评价体系做不到,我们也没必要去做。

去年,我们并购HBA,因为我们觉得需要通过国际化的融合,慢慢把我们身上一些固化的弱后洗掉,虽然他们觉得我们有很多闪光点,但我们从他们身上学到的东西可能更多,无论是设计方法和路径、可控度、职业精神、做事效率。我们的新办公楼现在全面在装BIM系统,明后年我们还会全部到一个高速共享的"云"平台上工作,运转速度和时效性都会大幅提高。

通过这么多年我们在职业化路径上的思考,在质量和路径管理上的努力,得到的社会反响还可以,我们不断有新客户单子,不断有老客户找我们,金螳螂设计院从100多号人以至现在2600多号人,加上HBA的1100号人,就是3700号人,全球最大的室内设计公司,我自己很清楚,都是我们不断去认清"我们要走什么样的路,成为一个什么样的设计公司"这个问题的结果,通过二十几年的探索,我们越来越具有自己的成熟看法。

ID 您个人在设计上有坚持的理念吗?

王 我很难说我自己有什么风格,但个人会喜欢偏传统或新中式的东西,我早期的新中式作品,虽然有点符号化,但也算有点过程,比如常州大酒店、丝绸博物馆、苏州图书馆、玉函堂都比较有意思。我理解的新中式,不是表象化,而是取决于综合感应,源于习惯思维的拓展,我希望能传承一些好东西,但随着时代的演变,传承中也肯定有演变。

我个人喜好是一回事。近几年我的东西与其说是作品,不如说是成熟的商业化产品。我个人和团队现在对比例尺度、表皮形态、色彩、采光、空间、使用功能的处理及家具、艺术品的搭配等方面都挺成熟,产品的现场感觉也都

非常好,营运都很不错。其实所有这些做法都可以追溯到我们早期原创性的东西。

总体而言,注重市场,注重使用者和管理者的要求和使用,注重投资者运营成本的回报,减小返修率,减少投资造价等,是我认为的我的作品的最重要的一个优点,比如厨房到餐厅的送菜路径如果是20m,要用3个服务员,如果设计成40m,就要用6个服务员,营运成本就要提高。为客户解决问题的能力越强、经验越丰富,可能就越大牌,这就是我的标准。商业性大项目一定要做,这是我的一个理念。

ID 您现在有挑项目吗?

王 当然挑,起码我现在设计方面的原始积累已经结束,所以我一定会挑。首先我会挑高端品牌客户,比如香格里拉就是我的优质客户,每个香格里拉,我都尽可能做到我认为的比较好,他们的管理者非常专业,比如我常州香格里拉酒店的项目经理本身就是设计高手,之前设计过四季酒店,跟这样的设计师合作,平台已经不太一样……国内好多设计师有点井底之蛙,只看到人家的结果表象,认为很简单,没看到人家的所有路径和过程非常科学严格。要系统性地配合国际管理公司做一个完整的酒店,还是要解决很多问题的,起码要有经验和能力,我也是慢慢在学,才跟得上他们的步伐,很多习惯和标准也在改。

第二,我会挑一些具有一定探索性的项目比如会所。比如我在西安做唐代风格,最近在武汉做汉代风格,我就会花很多精力去搜索收集,通过出土的文物去演绎,用现代人的理解去寻求当时的感觉,这些探索对我写文章写书、研究,包括我给研究生论文指定方向都有好处。

ID 您做项目过程中,会有遗憾吗?

王 从设计到施工完成,一个项目周期基本要两三年,在这过程中,从前期的收集资料、立项、概念一直到施工图交完的后期服务,设计师的经验要能够让整个路径最好完全受控,如果受控度从100%降成90%,那设计师就有10%的

能力有问题,比如设计时预先没想到或一开始没有控制很细,或由于改动等各方面原因,导致最后没有达到想要的结果。

由于项目周期很长,一开始的设计状态可能会非常兴奋乃至亢奋,带有创造性,但越到后面,就可能会很痛苦,要把热情持续下去,在不断纠正问题的过程中,把路径走完,非常需要耐力,所以遗憾总是有的,有些教训还很惨痛。每一次我都遗憾当初为什么没想到,但纠正和预防经验有了以后,又会出现新的问题,所以没有遗憾是不可能的,但有遗憾,我们才有可能进步。

ID 您觉得成就一个优秀室内设计师的重要因素有哪些?

王 设计就是精神的物化,作为设计师,首先要有良好的专业基本技能,要会画两种图,一是方案图,通过方案图呈现想法,并让业主接受;二是施工图,通过施工图控制现场施工的材料和工艺等。

要成为优秀设计师,要面临更多,第一要热爱和感知生活,不断从生活,从人类的过去和今天挖掘出好东西,塑造更好的明天;第二既能传承本民族,又能兼容国际先进,进而融入自己的理念;第三,室内设计师跟服装设计师有点像,某种程度能引领时尚和生活,所以设计师本身的生活方式要非常好,非常具领导性,才能引领人类走向更健康的方向。

可能要通过大量磨练,不光是从间接知识包括书本、影视等,还要从直接知识包括亲身体验等汲取养分,才能具备这些修养,如果自身的品很高,做出来的东西不会太俗。

I-2 常州香格里拉酒店大堂吧及自助餐厅
3-5 乌镇盛庭会所

一直有教学情节

ID 除了设计，您从事教育的时间也非常长，累计起来也有 20 年了，包括 2008 年开始，您又重新开始在高校任教，这个"重新开始"有什么缘由吗？

王 1992 年到 1997 年，我其实还在苏州城建环保学院教书，跟朱总做只是兼职，但做设计太忙，精力不够，我觉得有点对不起学校的孩子，就辞职了，开始专做设计和管理。但我一直有教学情节，可能因为我本身读的就是师范大学，毕业后第一份工作就是老师，也很奇怪，每次出国，办公事也好，参观也好，我一有机会就往设计学院跑，了解他们各方面的情况。

有一年，我到莫斯科大学建筑学院，他们本科是 6 年，到现在还在画零号图水彩渲染的巴洛克窗花和门套，渲染得跟照片一样，他们叫长期作业，就跟我们当时画大卫头像一样，因为光线原因，每天只能在 8 点到 10 点或 10 点到 12 点期间画，每天两小时，一

共要画 60 小时，所以叫长期作业。所以我觉得他们建筑系的功底是非常好的，这是一种教学模式。

还有一种比如英国 AA，伦敦大学巴特雷、诺丁汉、卡迪夫、谢菲尔德、巴斯等学校的建筑教育，他们在溯源方面都做得非常好，面对问题，一定会把问题往前溯源，同时用现代方法解决。可能因为我是跨专业做室内设计，我非常理解所谓的科班，溯本源的重要性，虽然西方现代设计教育推翻了很多传统，但依然保留了很多传统。当时我看他们有个经典作业，在一个基地上安排 3 户人家，分别是一个抑郁症患者，一对老年夫妻，一个残障，基地后面是铁路，前面是道路，左边一个桥，右边一个家具厂，从技术角度来讲，要解决的主要问题有交通流线、声学。他们的最佳作业是把抑郁症患者放中间，把老年夫妻放在制造高音的家具厂旁边，残障人放在桥旁并着重解决他出入交通的问题，三户人家要面临的共同问题是来

自火车的低音和震动。两年以后评估，抑郁症患者好了，因为他看到一边是比他残疾的人，一边是老年夫妻。这个作业已经超出纯粹建筑设计的范围，而是从社会学、行为学、心理学角度去评判，他们认为一旦解决了这些问题，建筑技术问题都会解决。而不像中国设计师首先会考虑技术或形象问题，这很大程度上也是因为我们更侧重技能培养。

还有一次，我在罗德岛设计学院听一位美国知名教授讲课。第一次是单纯讲课，讲得非常好，出的书也多；我印象深刻的是，第二次上课是在他的 Studio，他完全变成了一个木工，从挑料到做构架，非常快速并熟练地做出了一把椅子。美国这种教授很多，都强化动手能力，而中国任何一个高校老师包括我在家具厂也只是开开码单，我都没有亲手好好做一把椅子。所以我就很想再从事教学。2008 年，我们与苏州大学合作创建了苏州大学金螳螂建筑与城市环境学院（以下简称金螳螂学院），我一边教书，

一边做设计，真正做到理论—实践合二为一。

ID 您重新开始从事教育后，对教育有什么构想吗?

王 从 2008 年到现在，我们一直花很大精力在室内设计专业的教学体制改革上，希望把本科和研究生教育改革到我认为的更合理。现在整个课程构架都是我们几个当时根据我们多年经验慢慢摸索制定的。

因为我们学院是理工类招生，不是艺术招生，学生进来时虽然功课不错，理工基础不错，但本身没多少艺术底子，其实中国高中阶段的审美教育基本等于零，有些孩子从小也弹钢琴，也画画，但都仅停留在技能训练。我听过西方一个老师讲课，根本没讲绘画技法，而更多讲作品产生的历史状态等更人文的东西，我认为那才是审美训练。

所以从大二开始，我们公司就出钱让室内专业的学生全部出一次国考察，比如做专卖店设计，就让他们到东京表参道、青山这些区域去看，因为现场带来的直观感受跟平时看书完全不一样。我们还会有跟国外大学的短暂交流，让学生看国外室内专业的孩子怎么作图，对比我们怎么作图，孩子心里就会有具象标杆，才有动力。

苏州城市本身在建设方面也不错，祖上有苏州园林、桃花坞、山塘街、平江路，新的有苏州园区时尚现代的综合体，离上海杭州南京又很近。我们还开了很多选修课如文学、音乐欣赏课，还让他们跟苏大艺术学院的学生跨学院交朋友，相互感染。而且毕业设计都是一对一，一个孩子就对一个导师，都是跟着很有设计经验的导师，可以直接到我们设计院里做设计。这么多东西综合在一起，孩子就会有参照。就是要让他熏，熏出设计的修养和审美能力来。

这几年，我们发现效果非常好。但教改是很漫长的过程，需要通过一届届学生毕业参加实践后的反馈，发现优点和不足，然后不断调整。我们也在跟很多兄弟院校相互渗透学习，相互弥补，我们每年都有一次"四校四导师"联合指导毕业设计，除了我们，还有清华大学美院学院、中央美术学院建筑学院、天津美术学院设计艺术学院。

我们对员工的培训也抓得非常紧。我们老的一批设计师会有很多为期一两个月的短期培训，比如到意大利、美国。在这过程中，我们接收了全新的思维方式，尤其是他们对 Research 的重视，包括前期调研、收集资料、评估。论绘画等表现技能，我们不差，但我们需要西方的设计思维训练，在国内设计教育背景下产生的懒惰思维、抄拼高手是必须要培训改变的。年轻的海归也需要培训，虽然他们从小在国外读书，眼界和审美观没有问题，但做出来的东西不落地，就要通过培训让他们渗透中国民族的文化底蕴。除了金螳螂学院，我们还有一个专门培养项目经理的学校，还有一个商学院，让员工可以不断回炉。我们的培训完全是针对不同年龄层段，不同问题的解决，让我们的设计师能够良性发展。

ID 您个人现在在设计、管理和教学上是怎么平衡、分配精力的呢?

王 我一直没间断设计，每年大概平均十几个项目。精力分配上，学校一半，公司一半。但基本上设计和教学是混在一起的，因为按照我们现在的教学改革，除了上公共课和开会我要去学校，研究生研二开始就跟着我，我做设计的同时，也是在教学生和带助手。但管理设计院，因为人太多，我现在精力不够，管不过来，就基本把把大关，让我一个 86 级建筑学的学生做常务副院长，做具体管理，他也蛮资深的。

自认是一个很宅的人

ID 您先后分别在西北（西安及天水）和苏州待了很多年，这两个地方对您有什么影响吗？

王 我从小时候就在西北，虽然我现在已经很南方化，但我到现在也都还喜欢吃面食，骨子里还是西北给我塑造的性格，那种耐力和刚性，那种相对能吸取更多营养的状态，应该是我一辈子都比较受用的。

从城市本身来讲，天水是古城，苏州也是古城，但两者截然不同。西北第一因为地方比较闭塞，人就很善良敦厚；第二是地域环境很宽广，到处黄土地，风沙干燥，"大漠孤烟直"那种感觉，很

有气魄。苏州则是小桥流水，小家碧玉，小街小巷，到处透着灵气，城市综合素质也非常高，因为苏州靠上海较近，所以也相对很洋气，密度却又没那么高，节奏也没那么快；总体而言，作为明清两代的消费型城市，苏州的商业模式还是比较成熟的。这两个城市各有利弊，级差很大，导致我对各种好东西，即使差异非常大，也都能吸收。

ID 您现在的生活状态是什么样的？

王 我自认是一个很宅的人，我就一个女儿，现在从英国回来了，已经在我事务所里工作两年，

原来学服装设计，现在改做软装，还行。我跟太太感情非常好，这么多年相濡以沫，原来我自己单独出去考察比较多，这几年，经常一同外出度假。家里还有小狗。我晚上很少在外面吃饭，一般都在家里整理思路。

ID 未来还有什么构想吗？

王 最好少做点作品，把精力腾出来写些东西，把我的经验告诉给别人，这也是传承。而且年纪也慢慢大了，就多休息，多玩玩，再多带出一些好学生来。很简单，就这些想法。

1　茗舍
2　太湖天阙样板房
3-4　中国丝绸博物馆

上海 K11 购物艺术中心
SHANGHAI KII ART MALL

撰 文	Vicco Wu
摄 影	A.Du、吴骏、Charlie Xia等
资料提供	Kokai Studios、上海K11购物艺术中心
地 点	上海市卢湾区淮海中路300号
建筑面积	9 100m²
室内商场面积	5 500m²
建筑及室内设计	Kokai studios
设计团队	Andrea Destefanis、Filippo Gabbiani、
	Pietro Peyron、李伟、李嘉雯、王芸、成昆

这个夏天，申城最火的商场一定要数新近落成开幕的"上海 K11 购物艺术中心"，无论你是去看一眼 K11 独具匠心的户外双层旋转木马舞台，还是仔细观赏由顶级国际品牌设计师与 K11 艺术团队倾情创作的 11 匹艺术木马，甚至还有人会专程去 K11 看看三楼都市农庄里的花斑小猪。赚满了眼球的 K11，是继香港 K11 之后，首个把艺术·人文·自然三大元素融合为核心的全球性原创品牌。作为新世界发展有限公司旗下的高端生活品牌，它将艺术欣赏、人文体验、自然绿化及购物消费相互融合，为大众带来前所未有的独特感官体验。

K11 是一个让商业变身艺术的地方。它将艺术、文化、时尚与设计的力量有机融合，定期举办各类艺术展览及充满想象力的活动，使 K11 变身为一座艺术乐园，为日常生活增添如舞台般多姿多彩、充满活力与激情的元素。

在购物方面，K11 凭借独树一帜的品味及时尚影响力，吸引了众多国际知名品牌在此开设旗舰店、概念店。其中由品牌设计师亲自设计外立面的 DOLCE & GABBANA，占地 1 000m²，是东南亚最大旗舰店。Burberry 则沿袭伦敦摄政街旗舰店风格，巨型数码幕墙播放最新的品牌视讯，零售剧院则由其伦敦总部操控，直播品牌活动、展示各类创意视听内容。购物之余，上海 K11 购物艺术中心为消费者悉心挑选超过 20 间国际食肆汇聚于此，受到热烈追捧的泰式餐厅（HOME Thai Restaurant）也首次进入中国；来自日本的新概念健康饮食餐厅铭品番茄（Céléb de TOMATO），在上海周边拥有专属生态农场供应最新鲜的有机食材；崇尚自然健康的极食餐厅（G+THE URBAN HARVEST）采用即摘即食的健康新概念，真正做到新鲜美味零距离……此外，商场四楼

全力打造酒吧街，破除了店与店之间的空间隔断，免除了顾客晚餐过后转场小酌的不便，打破商场营业时间的限制，将欢乐时光延续到凌晨一点。

作为一个多元化的创新平台，K11 不仅大胆前卫、充满惊喜和想象，同时又平易近人、耐人寻味。作为零距离面向大众的购物中心，上海 K11 除了在品牌选择、空间整合、硬件配套方面做到最佳，其贴心服务、趣味互动方面的用心亦是创意无限。商场特辟阅读角，启发繁忙都市人重拾阅读的兴趣；B1 层设立游戏互动的小空间，满足消费者休闲购物的五官体验；同楼层的网吧（Internet Bar），除了供客人小憩外，还提供免费充电服务，保障顾客的移动生活随时"在线"；而每日不定时"快闪"的客服人员，变身活力与玩趣的使者，为顾客带来欢乐随心的购物体验。

1-2 中庭
3 外立面
4 屋顶花园

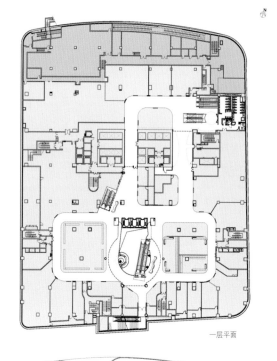

一层平面

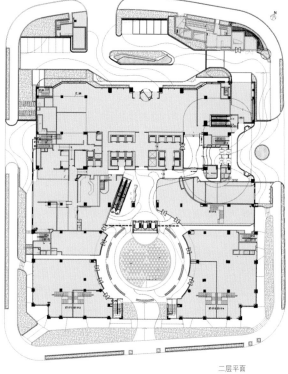

二层平面

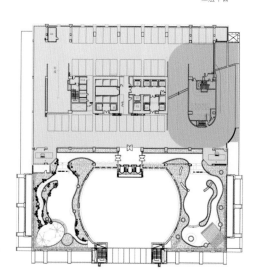

三层平面

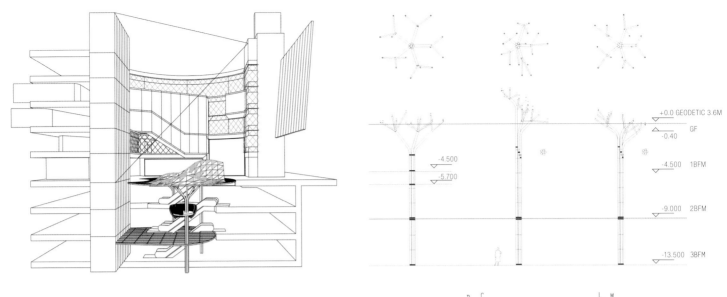

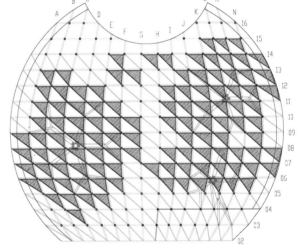

<pre>
1 2   4   5
3   6   8
      7   9
</pre>

1-3 商场引入多种艺术与设计展览
4-5 K11 中不乏各种国际品牌旗舰店
6-8 K11 同样致力于将自然引入商业空间
 9   母婴室的设计也非常人性化

Andrea Destefanis
（Kokaistudios 合伙人，K11 主设计师）

2009 年，K11 位于香港的第一家购物艺术中心面对公众开放并大获成功，此后，K11 便决定委托 Kokaistudios 来设计中国大陆的第一家购物艺术中心。Kokaistudios 的工作包括建筑物改造，并对 3.5 万多平方米的商业空间进行室内设计。

K11 地处上海市中心淮海路的黄金地段，整个项目的总建筑面积达到了 9 100m²。经过我们的设计与重塑，新世界大厦的裙房从 1980 年代上海商业复兴的标志性建筑，摇身一变成为了集"艺术、人文、自然"为一体的"生活中心"。在整个修缮裙房建筑立面的过程中，我们非常重视淮海路历史建筑和新世界塔楼原始的设计，致力于将新、旧结合，平衡运用守旧与创新，将艺术欣赏、人体体验、自然

环保与购物消费完美的结合，为城市生活和活动缔造崭新的空间，一个自然和谐共存的都会生活型态，使都市生活与自然完美融合为一。

中庭设计别具匠心，不但拥有亚洲最高的户外水幕，同时有机形态的玻璃顶棚更直接与双层楼高的商场地下天井连结。在熙熙攘攘的购物街上，此处闹中取静，仿若一片宁静的绿洲。

我们通过各个建筑面不同材料的运用，令 K11 品牌标识得以清晰呈现。正对淮海路的建筑正面内拢成一个户外弓形前广场，防护绿色屏上的 K11 标志矗立在前广场，十分醒目。在建筑的其他各面，K11 标志则呈现在装饰购物中心外观的垂直绿植墙壁上。

购物艺术中心的动线采用了构思巧妙的"想象之旅"，"旅程"涵盖地上 6 层（包括楼顶花园）和地下 3 层，比之前的动线大有改进。"想象之旅"不仅实现了不同目的地之间平衡高效的客流分配，而且本身也自成特色。它作为一条主线，贯穿了建筑内部充满想象力的各种体验，并在生活元素和自然素材的点缀下，将其与艺术展示区、公共空间和高科技错落交织在一起。

Filippo Gabbiani
（Kokaistudios 合伙人，K11 主设计师）

客户的要求主要针对的是设计理念，在空间和设计方案方面则是完全开放的。客户希望我们提出原创性的解决方案，他们丰富的想象力时常为我们提出挑战，但也促进了我们之间

卓有成效的合作。与其他的改造项目一样，主要的束缚其实来自于建筑物本身。我们的提案必须符合现有的结构，而且在建设过程中，我们也必须保证上层办公大厦的正常运行。

最大的挑战在于如何在改造工程中实现天马行空的创新，而且还要协调有时意见相左或冲突的情况。比如，在改建筑裙房外观的时候，就出现了关于留旧和创新的需求冲突：一方面当地政府十分重视保护淮海路的历史遗产以及新世界大厦的原有设计，另一方面 K11 和其承租人却要求建筑物外观醒目和新颖的设计。

从技术角度而言，我们提出的一些设计特色本身就具有技术挑战性。比如说中庭面积 280m² 的自由形态玻璃顶棚。由于它设计独特，我们必须依赖特殊软件才能对其进行工程设计、几何控制，并在施工过程中精确放置特别定制的窗棂。天棚的三角状玻璃保证了最佳的透视性，每个节点都经过特殊设计、单独铸造。

K11 中庭的瀑布有 9 层楼那么高，透过自动电感随气候自动优化调节水量，堪称亚洲最高的户外水幕瀑布，超过 2 000m² 的垂直绿化墙可将收集的雨水作为建筑物冷却系统使用。白天，阳光透过玻璃顶棚照射到商场地下二层，而到了夜晚，地下商场内的灯光提供了一个由内向外的光源将地面楼层照射得金碧辉煌。这种视觉整合的方式运用在商场的所有公共区域，以人为本，引发看与被看之间的相互关系。

陈健豪（上海 K11 营运总经理）

近年来，国内的购物环境和市场都在慢慢发生变化，购物中心的发展空间越来越大。但目前较多的商业项目仅仅是在做品牌组合，每家商场都差不多，同质化现象较为严重。我们创立 K11 这个品牌，是希望将精神与物质化的概念相融合，带给消费者们多一些体验型的购物理念。

K11 秉持了品牌的核心理念，运用独特的绿色设计，糅合多维的艺术欣赏与交流，汇聚国际潮流品牌，让商业变身为艺术，全情打造出上海乃至全国最大的互动艺术乐园、最具舞台感的购物体验以及最潮的多元文化生活区。

我们一直坚持将艺术、人文和自然作为 K11 的核心理念，期望将 K11 作为一个平台，而不仅仅是一座购物中心，更是一间艺术博物馆、环保体验中心、主题旅游景点和展示人文历史的绝佳场所，消费者在这个平台里能感受到精神层面的购物。

相信凭借 K11 创新的多维平台优势，我们必将满足广大消费者的高端购物需求，为淮海路商圈的整体业态升级贡献我们的力量，也为上海这个国际化大都市再增一个潮流新地标！

参观者说

三三
（新锐雕塑家、策展人）：

K11精选了国内外知名当代艺术家17组作品，分别安置在商场各处供公众欣赏。其中包括商场二层陈列的铸铜艺术品《Wretched War》，是当代英国最有影响力的艺术界先锋达明安·赫斯特（Damien Hirst）的作品。商场一层展示的尚·米榭尔·欧托尼耶（Jean-Michel Othoniel）创作的《Garland Necklace》，浪漫、优雅却又暗藏对颓靡和灾祸的想象，演绎着暴力与美好这一悖论的无穷诱惑力。商场的中庭有隋建国工作室为上海K11定制的四只镂空切割金属《蝴蝶（Butterflies）》，展示着空间的变化和在变幻灯光下的色彩变化，与整体氛围相得益彰。

这些殿堂级的艺术臻品、互动式的顾客服务、不定期的艺术赏析等多元化感官体验，赋予购物全新的定义。同时，K11还特别设置了"艺游路线"，有专业的客服人员进行免费的全程导览，介绍商场的艺术品及艺术空间内的展览，

凡有兴趣的顾客均可至商场服务台问询、预约，非常接地气。

郑皓明
（设计师，无锡北仓门生活艺术中心创办人）：

今年年初的时候，听说还未正式开幕的上海K11项目，荣获了2013年亚太区国际地产大奖商业修缮及重建类别奖项。作为一个文化商业项目的创办者，我专程来上海考察了一下。无论是K11中庭采用大面积垂直绿化墙设计，以及33m高的人工水景瀑布构成的"都市丛林"，还是位于商场三楼，有一个近300m²的室内生态互动体验种植区构成的"都市农庄"……一切都让我感觉耳目一新，充分体现了K11的品牌核心价值——"艺术、人文、自然"。

据悉，凭借对可再生资源的有效利用、可持续的选址以及各种绿化环保理念和行动，K11也获得了美国绿色建筑委员会颁发的LEED金奖，得到了当今世界建筑可持续性评估中最完善、最有影响力的评估奖项的认可。

沈敏良
（上海沈敏良室内设计有限公司）：

K11给我留下的最大印象是与艺术的无缝衔接，完美地将商业与艺术相互融合。除了整个K11随处可见的艺术作品，B3曾还有着一个拥有3 000m²的"chi K11艺术空间"，会定期举办艺术展览、教育讲座及工作坊等互动，实践K11普及艺术、让艺术融入生活、为大众所欣赏和喜爱的愿景。

3月份的预展《上海惊奇》，回溯了1990年代末开始的上海当代艺术景观直至过去15年

里来自美术馆、独立艺术机构、艺术中心、画廊、出版社等的繁衍、转型，以及艺术家和艺术创作群体的变化，非常棒。

K11算是商业项目人文化的一个典范。

申强
（新锐设计师，空间摄影师）：

因为工作关系，我经常会去K11跟客户洽谈、开会，商场六层的"空中花园"是我最喜欢的，算得上是上海K11的一片绿洲。这座花园位于都市丛林之中，却隔绝了尘世的喧嚣，远望可见延安高架的辉煌灯火，俯瞰能见淮海路全貌，闭上眼睛还可享受自然之宁谧，得天独厚的地理位置，使之成为城中难觅的露天观景胜地。

曹俊杰
（媒体人）：

上海的K11是个能给人独特购物体验的空间：这里不仅提供了物质消费的精髓，并用大量的空间，搭建了一个类似于舞台的精神消费空间，包括艺廊、雕塑和绘画。这种设计偶尔会让人产生迷惘，因为从一家店铺到另一家店铺的过程，就像是在画廊里漫步。这种消解和过渡带在我看来是必要的，它满足了人类的两个基本欲望，一种是物质的膨胀欲望，而另一种，则是控制这种膨胀欲望的欲望。尽管这种多元文化区，并不是首创，在伦敦，在纽约，都有类似的综合体验，但在中国以往消费主义横行的情况下，可以视为抛砖引玉之举。那么对我来说，唯一的疑问是，对于这种空间设计要注入文化含量和布展空间元素的要求，国内的设计师，是否能有这样综合性的素质呢？ **END**

博鳌亚洲湾
BOAO ASIA BAY

撰　文	金捷
摄　影	金捷、徐永永
地　点	海南博鳌
面　积	地上590 165m²，地下128 500m²
设计公司	合艺建筑设计事务所、中国美术学院风景建筑设计研究院
设计时间	2009年9月

博鳌是海南岛东部海岸线上的一个小镇，位于海口至三亚的中间。2001 年，26 个亚洲国家在海南博鳌召开会议，正式宣布成立了博鳌亚洲论坛，博鳌成为亚洲论坛的永久会址，每年 4 月，亚洲各国的首脑都会齐聚小镇，共同商讨亚洲经济与社会发展所面临的挑战。而博鳌亚洲湾的设计旨在激发城市活力，尝试亚洲多元文化的兼容。

项目设计包含如下的思考：

1. 创造一个全新的居住理念

六个岛屿，六种居住理念，感受六种不同文化的生活方式。博鳌以亚洲论坛而著名，按照亚洲六种不同风格的海岛文化打造的小院别墅区分别被命名为：巴厘岛、普吉岛、圣淘沙岛、澎湖岛、吕宋岛、邦咯岛，这些建筑风格各异的小院别墅，包含有两类户型，其中 150m² 的双拼户型，含有独立的泳池；而 120m² 的联体小院别墅，6~8 户共享一个 25m 长的泳池，增加了业主户外的交流空间。

2. 创造一个拥有惊喜和愉悦的区域

在晨曦中漫步于海浪声中的私人别墅，徜徉于热带雨林的美丽景观之中，想象一个惊喜的博鳌住宅休闲社区旅程一定是充满愉悦的。

3. 创造一个将建筑和环境相结合的生态居所

你可以居住在一个和自然完全和谐的环境之中，一个生态示范项目。建筑和环境的结合不仅在美学的层面，但更重要的是在生态的方面，通

1 从圣淘沙岛组团看到的高层酒店
2 高层酒店近景
3 高层酒店设计的灵感，来自大自然的元素

过建筑和景观以及植物彻底的结合，来创造一个和环境和谐相处的社区。建筑和环境的结合也反映在经济和生态方面，为了和环境达成协调，运用了当地的材料和本土化景观元素。

4. 创造一个有场所感的区域

我们对博鳌亚洲湾的设想是令其成为博鳌的顶级住宅社区和度假休闲目的地。酒店是博鳌住宅度假区的中心发展项目，有吸引人的建筑和文化标志，设计的灵感来自大自然，并向正在恢复的本土自然环境表示敬意，酒店度假设施成为整个博鳌居住度假区的中心区域，提供会所、零售、服务和休闲设施。

5. 保证灵活性

保证经济活动的灵活性，根据对市场的研究设定一个更加灵活的框架。总平面设计提供了各种各样的居住类型和居住体验吸引多样的投资。

6. 提供一种视野

博鳌海滨住宅度假区的设计提供了一个区域的视野，旨在创造一个更加广阔的社区活动，来吸引投资者和长期的项目参与者。 END

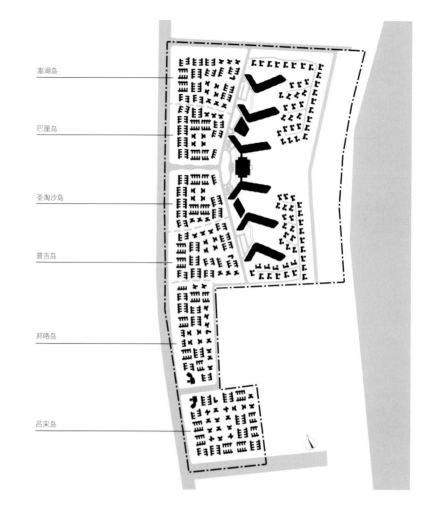

澎湖岛

巴厘岛

圣淘沙岛

普吉岛

邦咯岛

吕宋岛

```
 1  3 4
 2  5 6
```

1　区位图　　　　　4　私家花园
2　巴厘岛组团的庭院　5　巴厘岛总平面图
3　合院的私家泳池　　6　空间组合

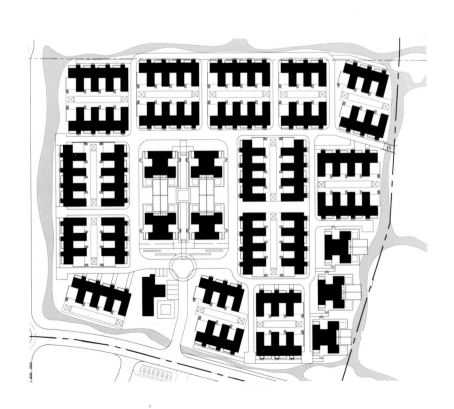
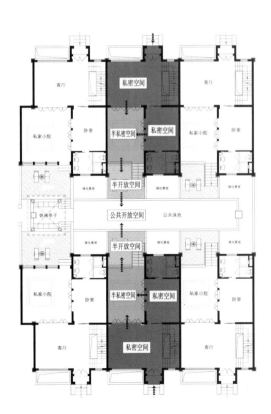

```
1   | 4
2 3 | 5 6
```

1　巴厘岛组团的小院别墅
2　圣淘沙岛组团的庭院
3　普吉岛组团的私家庭院
4　圣淘沙岛的建筑特写
5　圣淘沙岛的冷巷
6　凉亭小景

钟书塾
ZHONGSHU WORKSHOP

资料提供	唯想建筑设计(上海)有限公司
地　　点	上海松江
设 计 师	李想
设计助理	范晨
设计单位	唯想建筑设计(上海)有限公司
顾　　问	俞挺
业　　主	上海钟书实业有限公司

旧时私人设立的教学的地方称之为"塾","钟书塾"是业主给这个培训学校起的名字。

传统培训班的布局多以一条走廊两侧教室的排列方式,对于也有着那课余与周末被送去"培训"经历的设计师而言,以前走进培训班,并不愉悦,更有压抑之感。所以在这个设计上,设计师用了最简单的手法和最纯净的颜色来体现了设计的理念——散落的虹。

设计突破了以往常规的教室布置方式,创造一个明亮快活并有着娱乐的气氛的空间,逃离封闭的白墙,逃离深邃的走廊,让光线穿过飞逝的时光,越过窗框,停止在这个只有知识的海洋,幻想那束光线静止在这里,卸下捆绑,变成7种颜色,不同的颜色变成大小不一的盒子,这些盒子各自散发着不同性格的色彩光芒,正如这培训班里所教与不同的科目般。

天地为白,十多个不同颜色盒子看似凌乱其实是被精心摆放在其位置上,随着宽窄不一的走廊穿行,每眼都是未知的乐趣,透过眼前的粉色盒子房间,隐约瞄见后面那黄色的盒子教室里孩子的游跃,绕过去,才发现这里其实是一个绿色的盒子,那些孩子并没有在教室里,而是在走廊上说笑玩闹,这种若隐若现,并复合着多重色彩的空间,令教室这个角色变得不再严肃,教室以外的空间变成了游乐场。

后来,设计师又在每个盒子里安装了白色的百叶,以便在每个教室上课时遮挡外面的视线,这样,这幻彩的迷宫里又增添了不透明的风景,从透明和不透明的质地中轻松分辨了"使用中"和"非使用中"的界限,傍晚的灯光中,百叶的虚实遮挡下,这些纯净的盒子更显得细腻优雅。

设计师希望在每天第一束光洒进这里时,透过斑斓的映射,我们看见孩子们像蝴蝶般雀跃在这幻彩知识里时快乐的脸庞。 END

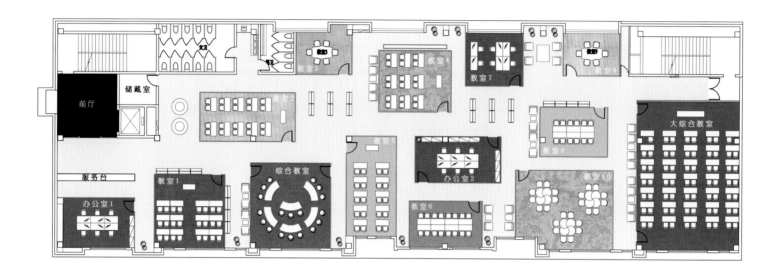

| 1 | 2 | 3 | | 4 | 5 |

1 平面图

2 剖面图

3 设计突破了以往常规的教室布置方式，创造
了一个明亮快活并有着娱乐气氛的空间

4-5 十多个不同颜色的盒子看似凌乱，
其实是被精心摆放在其位置上

上海浦东文华东方酒店
MANDARIN ORIENTAL PUDONG, SHANGHAI

撰 文	蔓蔓
摄 影	杜宏毅、孙翔宇等
资料提供	上海浦东文华东方酒店、J&A姜峰室内设计有限公司

地 点	上海浦东新区浦东南路111号
项目面积	66 000m²
建筑设计	美国艾凯特托尼克(Arquitectonica)建筑设计公司
室内设计	BUZ Design（公共区域）、恰达思贝德梁有限公司（客房）、dash design,Brand Image（餐厅与文化西饼屋）
中方设计	J&A姜峰室内设计有限公司
设计时间	2009年12月
竣工时间	2013年4月

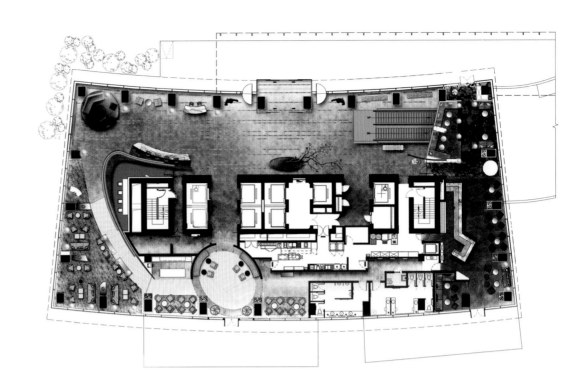

文华东方酒店的扇形LOGO让人们对其浓厚的东方韵味了然于心，而这家新近开张的位于上海浦东陆家嘴地区的文华东方酒店则以其娴熟玩味的中国风设计，令人眼前一亮。

融艺术于空间

上海浦东文华东方酒店除了展现文华东方酒店集团标志性的独特风格及艺术气息，也是上海滩当代中国艺术的典藏之处。酒店公共区域及客房内共展示了4000件原创艺术品，其中超过3500件艺术品是专为上海浦东文华东方酒店量身定制。艺术典藏中云集50位世界知名艺术家的杰出作品，其中包含18位备受赞誉的中国当代艺术家。展示艺术品全部由日本东京著名的Art Front Gallery艺术展览馆策展和管理。极具表现力的每一件艺术珍品，为都市人带来了心灵上的宁静和安详。

酒店艺术品典藏中不乏显赫名家的艺术创作。赖德全，中国著名国宝级工艺美术大师，作品曾被多次作为国家级工艺礼品赠予各国政要。赖德全大师特别为酒店打造44件珍贵的瓷器工艺。他匠心独运，在传统景德镇工艺瓷制法基础上，引入独创的釉上珍珠彩工艺技术，

从而创作出主题为"写意江南"的作品系列，展示于酒店客房楼层及总统套房之中。

东方韵味的现代设计

富有生气的酒店公共区域由BUZ Design设计公司设计，客房设计则由香港Chhada Siembieda & Associates（恰达思贝德梁有限公司）担当，本地设计公司Jiang & Associates Interior Designer Co., LTD（姜峰室内设计有限公司）也参与并协助了设计。他们将朴素含蓄的自然色调、当代装饰材质、精选艺术品融会贯通，打造出与众不同的东方风韵。此外，饱含本地元素的设计也随处可见，如黄浦江滔滔江水、上海的天际线、镂空精雕的中式窗框以及上海梧桐树的片片剪影等。

半透明装饰材质与温润的色调贯穿于酒店各公共区域及客房之间，使室内空间在视觉上显得更为宽敞明亮，同时也更宁静平和。以江面落日为灵感，酒店大堂使用暖古铜色调，加之定制的中式屏风及精雕室内陈设，使大堂沉浸在片片金醉朦胧之中。此外，出自艺术家苗彤手笔的大型艺术品横跨整个大堂，艺术品使用色彩斑斓的玻璃马赛克，描绘出原始森林的美妙景象，为大堂空间增添了无限的艺术魅力。

酒店客房楼层以"静谧花园"为主题，为上海金融核心打造一个可以寻求平静与闲适的港湾。客房内采用柔和的灰褐色家居陈设，呈现靛蓝与莲叶绿花纹，与室内的传统中国园林风景主题的写意水墨画形成有趣的呼应。

酒店精致高雅的餐厅与文华西饼屋由纽约的dash design和香港Brand Image设计公司设计。每间餐厅均配备开放式厨房，可为宾客带来愉

悦的互动式用餐体验。因为绝佳的江畔地理位置，酒店餐厅均设有户外用餐场地，宾客可于露天用餐平台或下沉式花园中用餐。

文华西饼屋设计好似法式工匠的厨房，并可直通极具装饰风格的58°扒房。雍颐庭中餐厅的室内设计极具现代感。室内装饰运用花岗石、玻璃及铬合金等材料，渲染出富有传统东方魅力的设计风格。餐厅入口处的白瓷灯笼吊灯垂幕，使人留下深刻印象。由香港BUZ Design设计的"汇吧"室内墙面运用交错的网格结构装饰，吧台则使用蛇皮材质软包，同时室内装饰有环形水晶吊灯，可谓流光溢彩，夺人眼球。

在中国传统文化中，蝴蝶是美丽蜕变的象征。由BUZ Design设计的上海浦东文华东方水疗中心以"蝴蝶"作为其标志，并将蝴蝶婀娜柔美的姿态融汇于整个空间之中。水疗中心设计元素中包含各式以蝴蝶为元素的雕塑及陶艺制品，由中国艺术家施海与康青创作。他们将天然橡木、原始石材及珍珠母等与艺术品相结合，缔造出充满灵韵的雅致氛围。中心内13间水疗套间使用世界13种语言来表达"蝴蝶"，如Mariposa（西班牙语），Kupu-Kupu（印尼语），Euthalia（希腊语）。

由BUZ Design公司设计的酒店会议与宴会场所选用丰富绚丽的色调，并以潘伟及丁乙在内的中国当代顶尖艺术家的抽象艺术作品作为装饰，是举办盛大会议活动及顶级私人宴会的绝佳地点。文华宴会厅选用双倍层高，并装饰以环形水晶吊灯。宴会厅前厅层高8m，周围环绕教堂般的光环，同时，室内布满带有背光的玻璃制品，是举行婚礼仪式的理想选址。

1	2	4
3		5

1　酒店入口
2　电梯厅
3　大堂
4　58° 扒房
5　Zest 餐厅

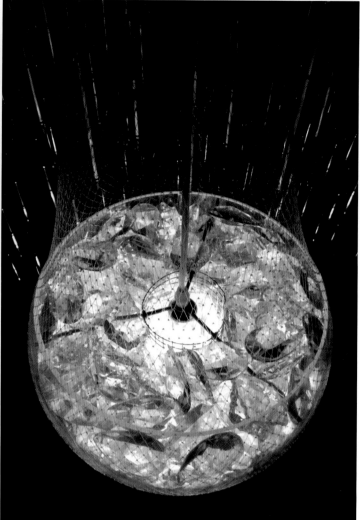

1	2	4	6
3		5	7

1-3 中餐厅雍颐庭
4-5 客房
6-7 SPA

锦江之星汕头金砂西路店
JINJIANG INN OF WEST JINSHA ROAD, SHANTOU

资料提供	HYID泓叶设计
地　　点	汕头市金平区金砂西路8号
项目类型	时尚经济型酒店
设计公司	HYID泓叶设计
设计主持	叶铮
设计时间	2012年
竣工时间	2013年

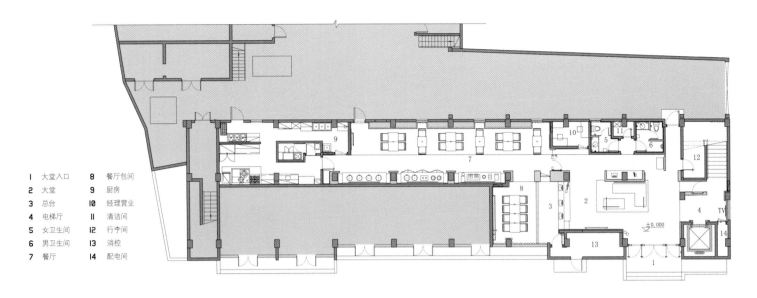

1	大堂入口	8	餐厅包间
2	大堂	9	厨房
3	总台	10	经理营业
4	电梯厅	11	清洁间
5	女卫生间	12	行李间
6	男卫生间	13	消控
7	餐厅	14	配电间

| 2 | 1 |
| | 3 |

1　平面图
2-3　大堂

　　本案坐落于汕头市金平区金砂西路，是一家时尚经济型酒店。设计以简洁有力的体块组合，配合黑色线条的空间穿插，构成了以沉稳素雅的黑白色调为主的造型语言。材料配置的质感对比，丰富了空间的层次关系，同时也增添了亲和与宁静的场所磁性。泛光灯带又突显其线条在空间中的构成感，并强调线条有序的搭接，使其悬浮于光晕之上，同时，针对不同材料质感，采取了不同的照度与光源选择，旨在烘托材质肌理的性格显现，完好统一了照明的功能性与表现性之间的关系。

　　室内设计师在本案设计中崇尚理性、优雅、简单，又富有东方气质的文化神韵。尤其是家具设计中的线框表现，更多带有现代与传统的交融。尤引人注目的是抽象绘画、线条雕塑、灯光设计的同构，在整体概念的执行中，更体现出独具创意的设计精神，设计以空间为重，配以适合的绘画及雕塑形式与色调，让其彻底融入室内环境中，不再是点缀，而是整体空间的重要组成部分和吸引视线的兴奋点，使简约平直的朴素空间，瞬间拥有更多的意趣与时尚文化。

　　这是一个由"空间"、"色调"、"灯光"、"材质"、"陈设"等设计手段，所汇聚起来的简单优雅的设计，通过对光、色、形一丝不苟的定义和塑造，局部与整体关系的反复推敲与玩味，宁静理性的空间气场、情感记忆和东方文化神韵被非常技术地秩序化了，最终将本案设计引向雅致。END

1　│　2
　│　3

1-2　大堂
3　餐厅包间

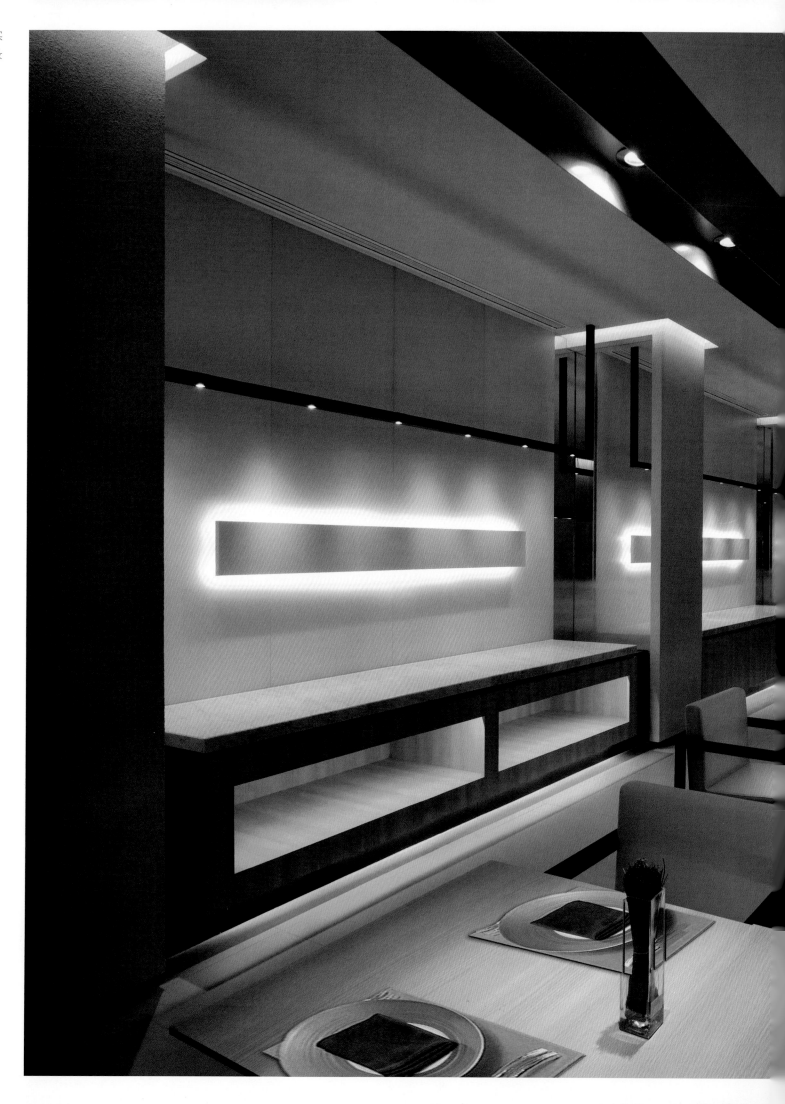

1　餐厅
2-3　餐厅局部

外婆家西溪天堂店
THE GRANDMA'S

摄　　影	陈乙、潘杰
资料提供	内建筑设计事务所

地　　点	杭州西溪天堂
面　　积	2 000m²
设　　计	内建筑设计事务所
竣工时间	2013年8月

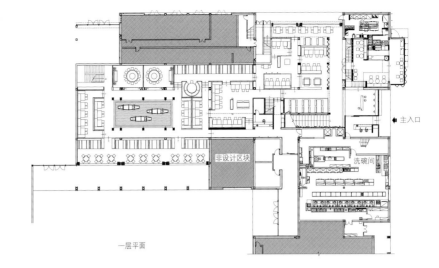

1 中庭玻璃天棚为室内带来丰富的自然光线变化
2 平面图
3 一走进餐厅就见老船、旧瓦，如同一场梦，摇荡在记忆中

一层平面

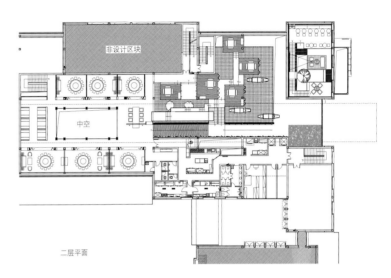

二层平面

"摇啊摇摇到外婆桥"。故乡在常熟虞山镇，母亲看到方案说让她想起南径塘的阁楼，那是多依栏凭望的情怀。柔软的表现，虽然还是钢木、旧瓦、灰墙，呈现的只是诉说，建构的只是点状的记忆，隐约间的是儿时的伙伴，推铁环、拍烟纸、放鞭炮，忽然想过年了，虽然还只是五月，设计师有万千梦魇，此案如导演可以用画面叙说印记，内建筑用空间给人们造一个回不去的混杂的新梦，"霓虹闪过梨花白、土墙夯过虫洞开、又是一年春草绿、几经回望舴艋来"。END

```
1 2 | 4
3   | 5
```

1　餐厅入口
2　大幅油画作品悬于柴田西点一侧入口，是设计师与业主愉快合作五年的见证
3　柴田西点二层空间，自顶部倒垂下的树让空间充满了梦幻意向
4　柴田西点与餐厅间，以钢筋交织出楼梯空间，割而不堵，同时也兼具置物功能
5　柴田西点二层空间，隐秘而舒适的氛围

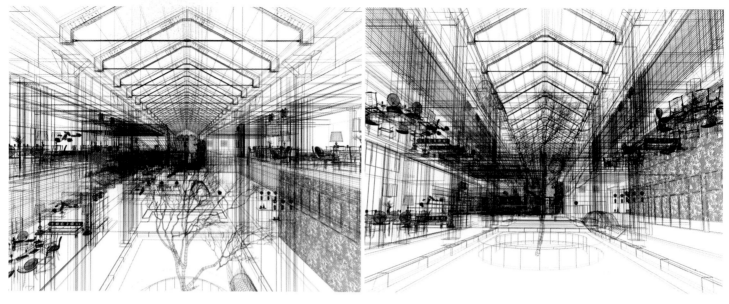

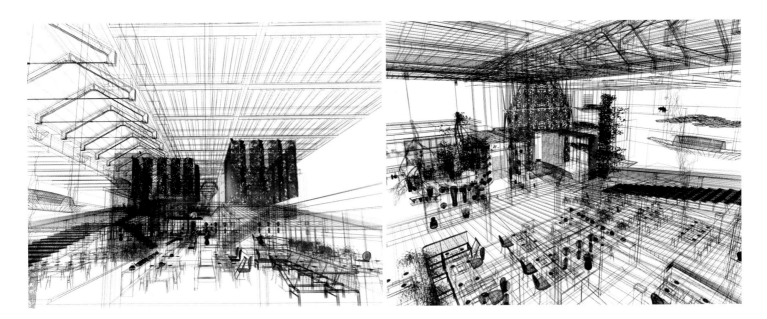

```
1 2 | 3 4
5 6 | 8
7
```

1-4 餐厅设计线框图
5-8 设计以大量钢板锈蚀点阵图案分隔、装饰空间，
    形成多重有趣的光影效果，丰富了空间表象

| 2 |
| 1 | 3 |

1　二层楼梯主通道，夯土墙与植物墙形成对比
2　分布于二层的半包围形态包厢围绕中庭展开
3　以黑白市井相片装点墙面，与夯土墙呼应，
　　穿越空间与时间

57° 湘上海虹口龙之梦店

TEPPANYAKI XIANG OF CLOUD NINE
SHOPPING MALL IN HONGKOU, SHANGHAI

撰 文	藤井树
摄 影	林德建、苏小火
资料提供	杭州山水组合建筑装饰设计有限公司

地 点	上海市西江湾路388号凯德龙之梦虹口广场6F
面 积	420m²
设计单位	杭州山水组合建筑装饰设计有限公司
设 计	陈林
参与设计	戴朝盛、黄秀女
竣工时间	2012年12月

```
 1 | 2
   | 3
```

1 在室内营造建筑感觉，反映旧上海的老故事
2 入口
3 从室外看向室内

ID =《室内设计师》
陈 = 陈林

作为相对成熟和优秀的餐饮空间设计师，陈林认为"商业的规律是室内设计必须尊重的"，57°湘上海虹口龙之梦店亦体现了他的这一理念。

ID 这个项目的设计概念是什么样的？

陈 它层高有 8m，比较高，而且它在上海，我就想通过在室内做建筑空间，反映 1920 年代~1930 年代那段时期，旧上海法租界的那些老故事，那种大街小巷的街貌，表达一种怀念感。

ID 各个设计环节怎么具体完成这个概念呢？

陈 这个餐厅一共只有 420m²，平面是根据甲方的餐位数要求来布局，如果没有满足这些餐位数要求，餐厅生意不好，设计再好都没用。

满足餐位数要求后，再打造整个室内的建筑空间，室内的一切都尊重老上海的旧貌，比如有老虎窗，老虎窗上的鸟亭子，有不同的电线杆，有二楼阳台，有小花园，铁艺栏杆，花园里的花草，有留声机，有老皮箱做成的一个会动的装置艺术……还有墙面，我们先把红砖墙全部粉刷一遍，再剥掉一部分，产生一种岁月的剥落感。

灯光设计，我本来考虑变光，让街道这边亮一点，街道里的窗户那边暗一些，更加体现出小弄堂的神秘感；还有人们在小弄堂里吃饭时，本来想让服务员有一种叫嚷声，比如有卖香烟的，有卖其他的，这些事情都没做，因为甲方要考虑成本等很多事情。但最后效果，我还是很满意的，社会效果也非常好，因为有老上海法租界感觉的餐厅，这还是上海第一家。80 后、90 后看到这种在室内做建筑的做法，会觉得挺稀奇；而很多年纪大的人，因为他们小时候就生活在这种大街小巷里，也会喜欢这种空间，这些画面。

ID 这个项目跟您之前做的项目，有什么不同吗？

陈 大不相同。原来是在室内做室内，室内会强调得比较深；现在是在室内做建筑，室内部分减弱了，建筑形体做完以后，效果就达到了，就可以了。因为我是室内设计师，不是建筑师，以室内的方式，玩这种建筑空间，表达自己对建筑的看法，还是觉得比较有意思的。

ID 建筑是作为布景，还是有一些建筑空间及功能在里面？

陈 仅仅是布景。一个区域一个建筑，一个区域一个感觉，就是要把室内跟建筑容纳在一起，共同营造出老上海老故事的氛围。

ID 您做了很多餐厅，您觉得餐厅设计最重要的是什么？

陈 最重要的是要符合当地消费群体的审美观，不符合，就没人来吃饭。比如我在上海做的餐厅就不可能跟杭州、长沙做的一样。在了解地域文化差异的前提下，再根据菜肴价格、消费群体的年龄段及身份定位，及其审美观来定义餐厅设计。我设计餐厅，肯定是从市场出发，而不是从我自己出发，商业的规律是室内设计必须尊重的。 END

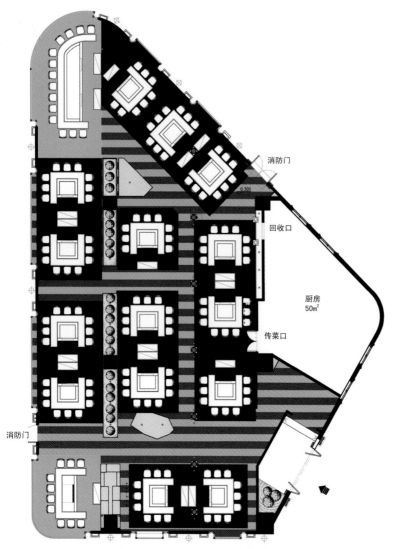

消防门

回收口

厨房
50m²

传菜口

消防门

| 1 | | 3 | 4 |
| 2 | | 5 | |

1　平面图
2　从室内看向入口
3-5　餐位区

1 | 5
2 3 4 |

1　餐位区
2-4　陈设细节
5　餐厅一角

实录

云音 · 禅会所
YUNYIN ZEN CLUB

摄　影	孙华锋
地　点	郑州市东风南路与金水东路交汇处原盛国际
面　积	1 800m²
设计单位	河南鼎合建筑装饰设计工程有限公司
主设计师	刘世尧、孔仲迅、孙华锋、李春才
参与设计	胡杰、王粉利、孙健
主要材料	橡木、壁纸、绿可木、黑镜、机刨石等
竣工时间	2013年2月

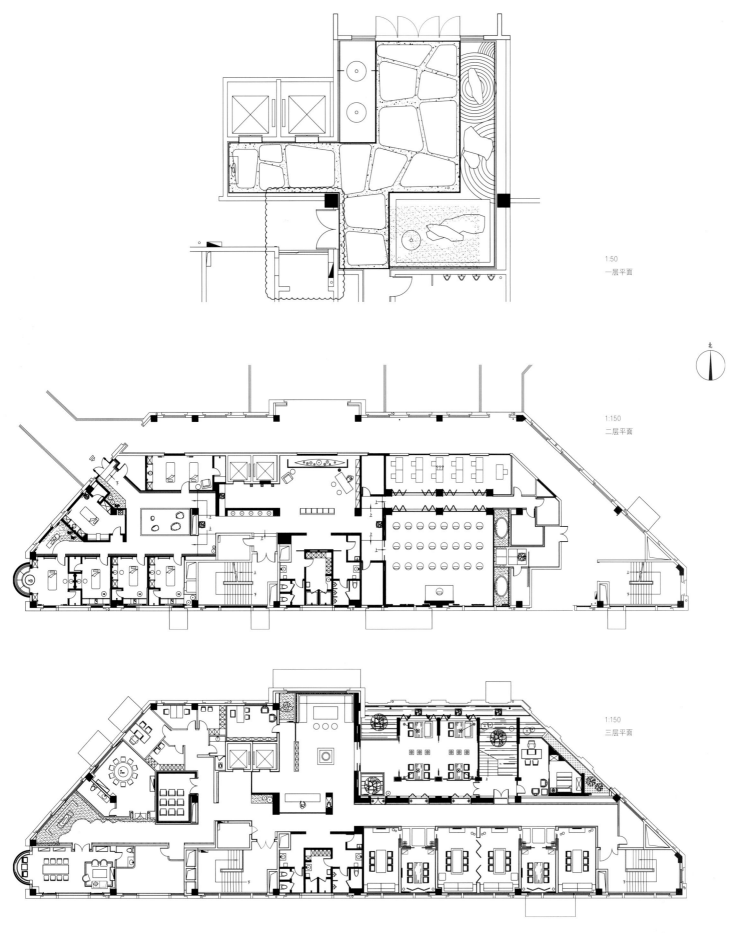

1:50
一层平面

1:150
二层平面

北

1:150
三层平面

　　禅修是近年来兴起的一种新的修身方式，与瑜伽身体修炼是不同的。禅修更多关注人精神方面的修炼，是通过诵经、坐禅、抄经、讲经的修禅方式让人达到放空内心，感悟并升华精神的一种修炼。本案以禅修为主线兼容了禅茶、spa等功能形式，空间组织相对较为复杂，建筑空间本身为大型综合体，所使用面积为3层不均匀面积的空间，所以功能的布局、人流的组织、动线的穿插颇费周折。设计运用东方的极简手法处理空间，用最少种类的材质，接近无彩色的色彩搭配。减至不能再减的装饰，通过云、香、白沙、石等元素，营造出静谧的让人忘却外界纷扰、放下一切回归本初的空间意境，达到让人自我修炼、关照内心的精神诉求。END

雲音·禪流时光

——寻找生命的道場

1	3
2	4

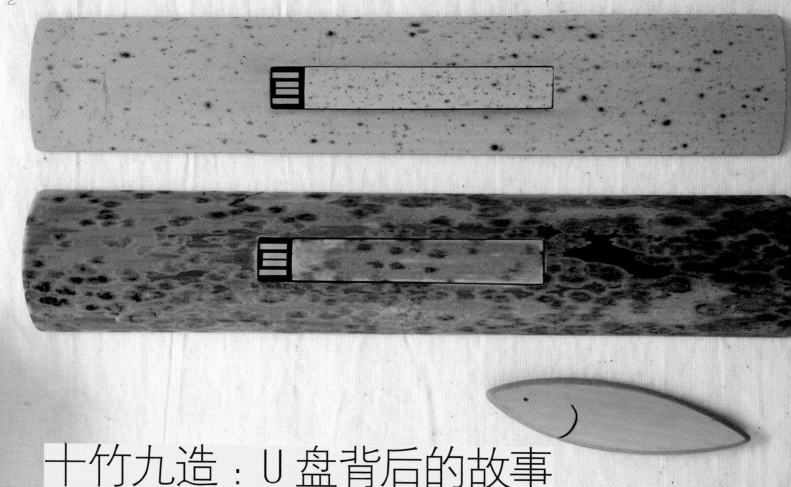

十竹九造：U 盘背后的故事

撰　　文	杨剑
资料提供	十竹九造

　　十竹九造是两个产品设计专业出身的"80后"于2011年创办的独立设计品牌，杨剑和陈肖宇如是诠释这个名字："十成的竹，九成的工艺，留下一成属于它独有的自然与朴素。"这个年轻的设计组合在众多原创品牌中或许不是最抢眼的，他们的作品也并非最完美无瑕，但其对竹材以及竹工艺的痴迷、对现代都市生活与自然传统圆融的思考探索，值得我们坐下来，品一杯清茶，听他们讲一段当最常见的科技产品——U盘与最常见的自然材质——竹相遇，所蕴化出的清新故事。

前言

我们或可孤独，但不再寂寞。

　　每一件作品，都倾尽了手艺人一生的精力，用毕生的经验、智慧，数万次的重复动作，来完成每一次的选竹、每一片竹皮的开槽、每一寸的打磨。每个师傅都应该得到应有的尊敬，而每一件作品的背后，都背负着一个孤独的背影，不断纠结、不断超越，也不断迷茫。这些竹艺师傅或许迫于生活，去做那些他本来不愿意做的事情；抑或姿态高傲，对世俗不屑一顾。他们名不见经传，也许是时间未到，又或是像周星驰说的："运气不好吧"。

　　但是，我恰恰认为，这也是一种幸运——没有因为过多商业、因为老板情结、因为各种不重要的事情而让他放下了手上的手艺。他们

可以孤独，因为内心的孤独永远不需要人来分享、倾述，他们只需要和自己内心对话，他们不寂寞。

念竹

　　已知全球约有150属、1225种不同种类的竹子，每一种竹子，都有独特的纹样，或如玉般润滑，或如凤尾般惊艳，或如肌肤上的雀斑……唯美而质朴。每一竿竹都有自己的一段故事，一块自己的山坡，一方水土，因而每一竿竹的背后，都是唯一。一直思考，在竹身上，我能怎样创新？可我越思考，却越深陷其中，不能自拔。索性，我不再去设计了！

　　不再谈自然而然，不再日式、欧式、中式，我要的是内心深处的最真实的想法。丑也罢，美也罢，此时此刻，我们慢慢走近竹子，倾听，

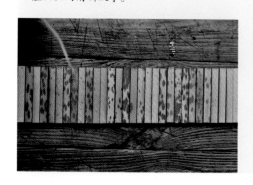

感受，触摸，感动。大自然也从不亏待我们，总是给我们最大的惊喜，当我们一片片挑选我们心仪的竹片的时候，我们很纠结，因为每一块都是大自然的馈赠。

选竹

我们每根竹子都是在堆积如山的竹子里，精心挑选而出的。每根竹子，都要满足三个条件：

1. 必须是冬天砍伐的竹子。2. 必须是自然晾干的竹子，这样能最大限度防止长霉和开裂问题。3. 竹青表面，必须没有在砍伐、运输、制作过程中有任何人为的破坏，真实完美地再现竹子的本来面目。

破竹

在一根完整的竹筒上面，不断观察、平衡、顿足、揣测，既要避开竹青被破坏的地方，又得尽可能节省材料。每一刀下去，都是一次深思熟虑后的果断。

断片

避开节，避开竹青破损的地方，避开瑕疵的地方，挑选出我们认为最为精彩的部分。

掏洞

最小的锯片，目的是 U 盘部分和外部竹皮能最大化减少缝隙，保证后面的 U 盘部分和外部竹皮能牢固地卡在一起。

制作 U 盘

这是对手艺人最有挑战性的环节，在厚度不到 5mm 的地方，进行正反两面切割，仅保留 1mm。

打磨

240、600、1200、2000 次……不断打磨，直到如肌肤般滑润。

擦油

自然的处理方式，是我们遵循的自然法则。大自然的杰作，物物相克，总有一种植物能抵挡住霉菌的侵袭。

入世

U 盘虽小，染山中清气，携一缕自然芬芳，来到都市人的屋中、桌上。■

```
I        6
         7
         8  9  II 12
            IO
 2 3 4 5  13 14
          15  16
```

范文兵

建筑学教师，建筑师，城市设计师

我对专业思考秉持如下观点：我自己在（专业）世界中感受到的"真实问题"，比（专业）学理潮流中的"新潮问题"更重要。也就是说，学理层面的自圆其说，假如在现实中无法触碰某个"真实问题"的话，那个潮流，在我的评价系统中就不太重要。当然，我可能会拿它做纯粹的智力体操，但的确很难有内在冲动去思考它。所以，专业思考和我的人生是密不可分的，专业存在的目的，是帮助我的人生体验到更多，思考专业，常常就是在思考人生。

美国场景记录：人物速写 III

撰　文｜范文兵

从前苏联回来的人

冬夜九点，一个每周一次的家庭教会（Home Church）活动结束后，大家伙儿按惯例，坐在主人家后院的火堆旁，取暖，喝酒，聊天。

一个在前苏联呆了20多年，回到哥伦布小城才一年的中年人走过来与我攀谈。

他个头中等，约莫四五十岁，身穿红色毛衣。得知我是中国人后，就跟我谈起他正在读的一本讲述中国文革时期的书。书里说那时中国只有毛选四卷是唯一合法读物，外国书是不允许看的，一群人如果找到一本外国书，比如小说，就会按照章节撕开来，大家传着看。他问我，这是真的吗？此时，旁边的几个美国人已听得张大嘴巴，一副无法置信的表情。

我反问他，你知道最近美国正在上演的《安娜·卡列尼娜》吗？我告诉你，35岁以上的中国人，普遍对这个故事非常熟悉，你说为什么？

他迅速回答，你们那个年代唯一允许读的外国书，就是苏联小说，特别是古典的，对不对？

我们俩哈哈大笑，然后他点着头说，明白、明白，中国和俄国很像！

旁边的美国人觉出我们在话题上的默契，渐渐不再插话。随后，我们一口气聊了一大堆俄国和中国人都喜欢聊的事情，比如对领导人的调侃，对社会巨变中不同阶层大洗牌的感受。

我问他，你在俄国（前苏联）做什么呢？

"骗人，一直在骗人。"他回答得很迅速，并随即摆出一副不多解释的姿态，我马上知趣地闭嘴不再追问。

他长得一副典型东欧人模样，额头突出，嘴很大，特别笑起来的时候，和我小时候在银幕上常见的苏联人，一模一样。他说起俄语如同母语般流利，我猜，他应该是俄裔。

我把话题转到了教义，他这才又慢慢打开话匣。他说自己常感到沮丧，虽然30多年前就

俄亥俄州哥伦布市每周一次的家庭教会小组

信了教，但是酗酒、沮丧、乃至自闭的状态常常出现，是教义带给他很多安慰。

我不知该如何回应这个极端状况下极端人物的情绪诉说，只能默默地听着，点头，叹息，并时不时抬起头，越过黑黢黢的树丛，望一眼暗蓝天空中的点点星光。

国会山女警

在华盛顿国会山（Capitol Hill），我的单反相机出了问题，只好临时换iPhone手机拍照。

由于无法像单反那样便捷地拉伸镜头取景，为了获得某个角度的全景、或特别的细部，我只能前后来回走动，很多细部还会凑到非常近

的地方去拍。就在这个过程中，我隐约感觉国会大厦前一辆黑色轿车的暗色玻璃内，似乎有人一直在盯着我。但当下并没在意，一通建筑学特有的狂轰滥炸般的拍摄后，我转身沿着山坡下行，准备去东馆。

还没走两步，忽听后面有人连声唤我，一回头，只见一位健硕白人女子，身着黑色警服，英姿飒爽地向我走来。

等到走近，这位看上去也就20岁出头的年轻女警非常欢快地大声说，你是谁谁吗？我们是不是中学同学呀？

她的口音很中部，起初我还真以为是哥伦布某个熟人，但仔细瞧了瞧，不认识，转念又一想，怎么可能是中学呢，连忙摇头道，不可能不可能，我来自中国，不是在美国读的中学。

哦，那对不起了，请问那你来自中国哪里呢？来了几天？住在什么地方？你很喜欢拍照呀，拍了些什么呢？……在她一连串问题的攻势下，我这才恍然醒悟，我被警方盯上了！由于没什么明确证据，她只能用这种绕弯套近乎

华盛顿国会山前发表抗议声明的少数族裔团体

专栏

左：纽约公共图书馆顶层阅读大厅
下：纽约公共图书馆某个大理石饰面的楼梯厅

的方式，从侧面对我进行询问。而不远处，那辆黑色轿车旁，一位中年黑人女警正全神贯注地观察着我们。

明白之后，我禁不住想笑，赶紧摘下墨镜，很主动地讲述我到美国的经历，以及旅行去过哪些地方。这名女警看我识破了她的盘问，有些不好意思起来，面孔泛红，不自觉地向后退了几步，语气愈加婉转起来。结束问答之后，我笑着对她说，我是学建筑的，所以特别喜欢拍建筑，你能推荐我一些著名的华盛顿建筑吗？

后来，我把这个故事当作笑谈发在网上，一位美国朋友留言警告我说，如果是在小布什执政时代，我的一句"学建筑的"，很可能会让我进监狱被审查一番，因为据说"9·11本·拉登的同伙中，就有学建筑的！传说库哈斯有一次从中东飞美国，在波士顿机场入境时被盘问了好久，就因为他的职业栏填建筑师，后来还是联系了哈佛校方才让他通关的。

纽约公共图书馆里的人们

一月份的纽约异常寒冷，才傍晚五点多，天色就已完全暗了下来。

寒风中徒步游城一整天后，我坐在对公众自由开放的纽约公共图书馆（The New York Public Library）顶楼的一间阅读大厅内，暖烘烘地安静放空。说安静，是因为周边环境音频很微弱，但若仔细观察一下里面读者的状态，男女老少、各种肤色、各种阶层、各种举动，还是相当热闹的。

这是一间十多米高、跨度三十多米、纵深七、八十米的古典风格样式的房间。四周墙面贴满浅灰色大理石，望得见街景的通高大窗，圆拱窗头，陶立克柱收边。顶棚中部金碧辉煌的天顶油画周边，是暗褐色木质吊顶饰面，雕满装饰花纹，镀金的凸起部分隐隐泛光。书桌也是雕花的浅褐色硬木所制，我座位的编号是

162。

我的对面，是位身披浅灰色苏格兰格子衬衫，内穿白色T恤，工人气质的壮硕中年白人男子，头发梳成长长马尾，正在用手机边充电边玩游戏，兀自窃笑不止。我的右前方，一位拿着快译通不断点看的中年女性，显然是来自中国大陆的知识分子，头发灰白，面孔严肃，戴一副黑框眼镜，不停地在书上、复印件上写写画画。我背面正后方，一位无业游民感觉的黑人男青年，戴着耳机，在电脑屏幕上看黑人男子和白人女子xxoo视频，神情专注，一动不动。我左手的通道上，一位蓬头垢面的流浪汉，穿着黑色大衣红色围巾，缓缓地在大厅里踱步，嘴里不停小声絮叨着，从大厅这头走到那头，再折返回来，一遍又一遍……

在纽约这个富丽堂皇的公共空间里，每个人都在自如地做着自己的事儿，没人觉得近在咫尺的旁人是个干扰。这里似乎有个公认的行为准则——只要你的行为不是强迫他人必须关注，那就可以理解为"私人行为"，而私人行为需要得到尊重，旁人无权干涉。比如，那个看限制级视频的黑人青年，他戴着耳机，嘴里没发出声音，身体动作也没影响到旁人，就可以被认为是处于私人领域内在做自己的私事儿。我作为一个异质文化的观察者，在兴致勃勃的四处打量中，不留神瞟到了他正在看的视频，其实，是我干扰到了他。

这样的行为准则似乎也可以解释，为什么在纽约这样的拥挤闹市里，很多住宅楼不同家庭的窗户挨得非常近，但纽约客们几乎都不太会拉上窗帘。希区柯克有个电影《后窗》，讲的就是由此习惯引发的故事。而我记忆中有篇新闻报道，说在中国某地某人在自己家里裸体但没拉上窗帘，于是被对面邻居投诉，认为不文明行为打扰到了自己。各地对公私领域感觉的

差异，还真是蛮大的。

街舞的表演者与观众们

美国期间看过很多街头表演，其中场面比较大的，是两场集体街舞。

一次是在波士顿市政大厅（City Hall）旁昆西市场（Quincy Market）入口的小广场上，一次是在紧挨纽约时代广场的马路上。

两场表演都堪称高质量的秀（波士顿更好一些）。其中有一点让我颇为惊讶，从大结构到小细节，两地演出非常相似。可见至少在东岸，街头舞者们已经形成了一个沟通顺畅的亚社会群体，共享同一套表演、谋生思路。

都是由七八个人组成的团队，在Rap音乐节奏及同伴们拍手、吆喝声中，先一个个单独表演，中间会穿插一些简短的集体表演。压轴表演前，表演者们会分头环绕全场向观众收钱。而压轴表演，也是找三四个现场观众站成一排，然后弯腰形成一个跨度，由一个小伙子远程助跑飞身一跃而过，引起现场惊叫一片，成为整个表演的最高潮。

演出过程中，比如在向观众收钱、找观众帮忙、各自表演的空挡等环节，都会有一些幽默即兴的表演，即会调侃别人，也会自嘲一下。话题也基本相同，会说白人有钱，亚洲人羞涩，黑人常被误认为罪犯等。

在波士顿，表演者全是黑人，他们非常默契地用类似中国三句半的方式，随着自带音箱中播放的音乐，演唱RAP持续全场。在向观众收钱时，其中一个人忽然大声说："音乐停一下，这里有个富白人给了20元（大多人只给一两元）！"其他人有节奏地马上随声道："好白人！我们黑人就是要钱！"演出中间，一些观众一直在拍照、拍视频，于是一个表演者大声rap道："不要像日本人。"其他人很自然地拍手附和道："只会拍照片！"当然，他们也会调侃一下自己。

155

在压轴表演的准备过程中，一个参与表演的观众将背包放在地上，一个表演者蹑手蹑脚作出偷包要跑的架势，此时，所有演员一起大声说："这次可不能这么做，我们不靠这个赚钱！"

而纽约的表演者更多元，有黑人，有拉美人。在为压轴表演寻找观众参与者时，为了表达"亚洲人羞怯"这个噱头，表演者无视站在前排高高举手要求参与的我，非要找一个站在后排没有举手的亚洲男青年，逼得他一直往后躲，直到跑出观众圈，进而引起全场大笑。

纽约现场有个小细节令人印象深刻。

演出结束后，表演飞跃的黑小伙问大家："喜欢我的表演吗？"观众齐声叫道："Yes！"我身旁一个七八岁的大眼睛小姑娘拉着身旁的弟弟大声说："No！"等黑小伙挨个收钱走到小姑娘这里时，她大声对他说："虽然我不喜欢你们的秀，但还是要给你钱。"然后，从身旁父亲手里拿过钱，放进黑小伙手中。这种情况估计黑小伙碰到的也不多，一时语塞不知如何回应，而小姑娘身旁一看就知来自美国腹地农村没见过太多世面的父亲早已窘迫得面孔通红，但小姑娘不管不顾，又大声重复了一遍刚才的话。

波士顿昆西广场压轴表演前

1968 年建成的波士顿市政大厅细部

纽约时代广场的表演

此刻，紧紧攥着她手的五六岁的小弟弟，抬着头，两眼放光，无比崇拜地望着姐姐，自豪的表情溢于言表。

中国城里的中国人

回国飞机的旁座，是位来自江苏，在纽约中国城生活工作超过 10 年的 60 多岁的男子。

他很主动地跟我聊天，告诉我他年轻时是知青，1980 年代中期，来自上海的太太和孩子移民美国，而他则是等了近 10 年后，才赴美与家人团聚。

他跟我说去年年底纽约飓风期间，很多中国人排队领免费食物和水，领完一遍，又会再去排队领一遍。

我问，为什么，不够喝、不够吃吗？他说，那是因为可以把瓶里的水倒掉，卖塑料瓶可以有 5 分钱呢！他感慨连连，说中国裔警察看到这种情况都直说，真是丢中国人的脸呀！

他说，中国城里有各种帮派（黑社会），也有各种同乡会（上海、广东、福建……），互相帮忙，介绍工作，互通医疗信息，包括推销中国来的歌星、影星的票子。他平时工作很忙，闲下来，就是看看中国电视，很偶尔地，会与一些认识的上海、江苏同乡到法拉盛吃顿饭，搓搓麻将。

他说，他基本不懂英语，但丝毫不耽误工作，靠身体语言他就猜得出无论是美国人还是墨西哥人在说些什么。

他告诉我，在菜市场卖鱼时，滑了一跤，手指骨裂，保险公司赔了 8 万美元；在一家公司里搬东西，腰扭伤，休息了一个月，保险公司赔了 30 万美元；加起来可是不少呀！我对他说，你真幸运，这要在中国，加起来，估计陪

你 5 万人民币就不错了。

他说，美国人很笨的，管理上有很多漏洞。比如他稍微动下脑筋就可以和太太共用一张地铁月票（100 多块）。他们家现在其实都有工作，并在哈德逊河对岸买了 80 万元的房子，但还是住在太太早年间在他还没赴美时以单身母亲身份，靠抽签中的政府提供的低收入房子里，位于上西区，2 居室，月租才 700 多元（正常市价应该 1~2 千元）。我问，政府查不到吗？他说，我们中国人工作什么的，全是现金交易，政府不知道的，我的支票账户是退休状态。

每次回国，他都要带很多东西，给家乡的亲戚、朋友们，生怕做事不周让他们不开心。行李都是称了又称，只敢比要求多个一两磅，随身行李也非常重。太太警告他，不要背随身行李，因为会在衣服上留下压痕，让人起疑超重。

他穿着一个有很多口袋的宽大衣服，在空调的机舱里热得直流汗，但就是不肯脱下。

我不知为何他会告诉我这么多他自己的事情。临下飞机时，我们匆匆握了下手，他就拖着非常重的行李箱，披挂着厚厚大大的外套，消失在人群中了。

哦，忘了说一件事情。

我跟他说，我很担心自己回国后会有时差反应。

他笑呵呵地对我说，我不会的，我最近几年上的都是夜班，正好和中国时间合拍！END

纽约布鲁克林大桥寒风中给人画像的来自中国大陆的画家

唐克扬

以自己的角度切入建筑设计和研究，他的"作品"从展览策划、博物馆空间设计直至建筑史和文学写作。

同此凉热

撰　文 | 唐克扬

　　"酷"（cool），和其英文本意"凉"相比，我更喜欢后者，虽然有点冷飕飕的，至少还是一种可以把握的感觉，而"酷"在汉语里总是和"冷酷""残酷"之类的字眼联系在一块，有点不近人情的意思——没有谁仔细考据过"酷"的语源。很多艺术标准都是"显而易见"的，比如"野兽派"、"西班牙式"，甚至"古典风格"、"理性主义"，都容易让人们从字面意思便猜到内涵；而"酷"却是"常语异用"，是一个由普通用法引申出来的特殊用法，比较模糊、宽泛，没有时间空间的界定。在英语里"cool"的这种用法已经有一段时间了，它原是和美国人的另一个常用词"热"（hot）相对称（那个妞真"hot"），但作为通俗艺术评论的术语，"酷"显然比"热"的影响要大得多。

　　如果一定要言简意赅地说明"酷"的意思，首先大概是臻于化境的某种高妙，简直非人力所及，等同于我们以前说的"太'神'了……但还有一个层次，多少和这个字的字面意思相关，那就是在不可思议的同时又那么简单、自然、低调、潇洒。建筑理论家罗伯特·索莫（Robert Somol）和萨拉·怀汀（Sarah Whiting）引用美国电影演员"两个罗伯特"——罗伯特·米彻姆（Robert Mitchum）和罗伯特·德·尼罗（Robert De Niro）——的表演风格，在更深的层面上说明了"热"和"酷"的区别与联系。"加热"是各种期许在一起沸腾搅拌的进程，"冷却"却带来理智和感性的分离。就像多普勒效应一样，波源和观察者远离时，驶去的火车鸣笛声从尖细逐渐变得低沉（频率降低，波长变长），这是"酷"的效应，"热"却是差异中的抗拒被诱发和增大。与斗争和变化着的"热"相比，"酷"似乎是放松和自在的，浑然一体又无迹可寻——但是一切"酷"实际是"热"的后续

效应，是能量释放后新秩序形成的结果。

　　作为艺术关键词的"酷"和文明的"气温"不无关系，这或许是这个和"凉""热"联系在一起的词的本意。在北美居住时我印象最深刻的，确实也是这个物理环境的"冷"，和长江中下游故乡的渥暑无法相提并论。自然，美国也有炎夏，而江南也有难以忍受的冰冷的冬天，但是或许异国的"清洁"和"疏离"在总体上加强了这种东方"高热"而西风"凉爽"的印象——那分明已经是索莫和怀汀讨论的层次了，不是绝对气温的高低，而是一种心理感受，文明模式乃至生活美学的温度。按这种眼光看来，发达的北美资本主义文明的世界大部分地方，即使是最酷暑的夏日也有点"酷"（cool），因为人少、生活环境绿树成荫，室内一尘不染，用具朴素大方，它们和烦嚣的闹哄哄市井生活截然不同。

　　也许是我呆过的几个北方城市，芝加哥、波士顿、纽约，实际温度确实不高，也许是高纬度地方早晚的温差有点大，也许是郊区住处的树荫吸收了多余的日光热量，回忆中异国整个的生存环境是"酷"的。天看上去很低、厚重，大块的云朵就在头顶上漂浮，空气凉薄——与这种凉薄联系在一起的是人类生存聚落说不清道不明的落寞，这里的大城市和乡村就像是用浆糊强行粘贴在一起，从文明中心的大学移动到人迹罕至的城郊，并不需要花上很多时间，如此的转换就好像是掉进了另外一个世界。方圆数英里之外，不定有多少人烟，即使在中小城市之中，也不少见漂亮却乏人气的广大无人地带，是19世纪、20世纪的那些"花园城市"梦想的遗产，常常是白色的独立式乡村建筑，它们在我们的眼中，其实都可以算作"豪宅"。如今，在同样冷酷的现实中，有些却因为社会

和经济的危机沦落成了冰凉的墓园。

　　我常好奇，那些喜食生冷，屋宇闲静，却反复强调他们热爱生活的人们，如何能够在这阴影中的室内捱得下去？这是一个极为常见却被人忽略的现象，时报广场上的灯红酒绿并不能代表北美资本主义文明的全部，无论城市的过客出身多么迥异，无论他途经了多少嘈杂与纷乱，大多美国人最初的生长环境和最终的归宿是类似的：绿荫下的阴影里一幢朴素的乡村小屋，这里的家居物品应有尽有但绝不显得杂乱；这里貌似孤立，但实则是各种通讯方式连接着的社会神经系统的末梢——只是，这里的人情太过疏落了：一个独自坐在小房间床上的人茫然地注视着窗外一无所有的天空，在室外树林边的草坪上，他的妈妈大声叫喊着什么，但他们离得太远，他听不见……这是一个建筑在农业社会的空间－物质关系上的现代文明，它欢快却平静，它充实，但是从未懂得什么叫"拥挤"。

　　"酷"这种奇怪的丰厚与冷淡的共同构成，多少透露了一点它后面的文化渊源，它是现代资本主义物质文明自相矛盾的发端。在《新教伦理与资本主义精神》中，马克斯·韦伯总结说，早期资本主义的信条是"你须为上帝而辛劳致富，但不可为肉体罪孽而如此"。也就是说，人们尽可以以上帝的名义去积累物质财富，但目的并不是为了享用它们。这或许也解释了现代设计从一开始便端着的孤高姿态和叛逆性格，一方面，它原本是顺应新的生产模式而生，和传统的手工业生产方式比起来，现代的设计产品——就算是苹果手机和香奈儿也是——廉价、快速、丰富、多彩；另一方面，它又时常带有一种救赎的心结，伴随着种种"低度""极简"的宗教信条式的解说词。当然，你依然可以把这种解说词演绎成"极少"或是"虚静"

的一种姿态，但这种"酷"的文化表面的平静下，分明有着纵欲和节欲的双重起源，是绚烂之极才归于平淡的。

冷调的室内首先是天然材质和人工装扮博斗的结果，无论谁输谁赢都有可能被看成"酷"。罗马人的房间结构已经开始使用天然混凝土，但是它们毫无例外地都附加了人工贴面，否则就会被人们认为没有"完工"（finish）。只有极少的情况下，装饰和图案才被驱除出去，建筑的内表面成了素朴的原生态。但是，赤裸裸的表现并不一定被看成是"酷"，"酷"在素朴材质的前提下还有着打破常规的出人意表，复杂的表里不一，以及"凉""热"意义在不同历史条件下的循环。建筑史上一个非常有名的例子是所谓"粗面石工"（rustication）：从希腊人相对素朴的建筑装饰脱胎而来，罗马人把大理石抛光拼贴的工艺发展到了极致，对于那个时代的室内文化而言，这种极度光滑平润的室内环境可谓是琼台玉府了；可是，到了布拉曼特这一辈文艺复兴建筑师手里，风尚又被逆转了，出现了一种不加雕琢的石块被用作装修面材的手法，也就是"粗面石工"，尽管"粗面石工"大多用作建筑基座，但它分明也就是现代主义以来，"清水""粗野"一类室内做法的重要语义渊源。

怎么理解这种天然和人工往复之间产生的"酷"的效果呢？位于曼图亚的"特宫"（Palazzo del Te）提供了一个很好的解释范本，在这一建筑中同样由石材制成的柱式由于位置的不同呈现出了不同的面貌，里面的宛然如新而暴露在外面的看上去就像是未经加工的天然石块的外表——据说，这种并置是建筑师罗曼诺经意设计的结果。他所想表达的是两种并行不悖的不同物质文化理念：一种是"白"的，抗拒着风化、污渍、锈蚀等自然进程的侵扰；另一种则像是天工造化，是伟岸自然力"本来如此"的模拟——但很显然，一旦后者不再是真正的天然而是设计的结果，它一样也不能逃脱造作

的痕迹，在文艺复兴时期各种对于古典传统的繁缛演绎里，斧凿宛然的"粗面石工"一样是很"酷"的。

在诸如勒·柯布西耶这样的现代主义者那里，人的意志战胜了时间和空间。他把人类文明初年和现代社会的形象都看成是"白"的，一尘不染不会受气候摧残的"白"，意味着模拟出的而不是本来如此的"天然"，就像"清水混凝土"并非真正的清汤寡水，因为精细处理后的混凝土表面事实上是另一种形态的"完成"，它和"粗面石工"一样都是"外挂"的人工效果，里外的物理属性实则有微妙的差别，因此是可以不断修饰的。如果没有这种被掩盖的差别，完整而无暇的"酷"就会"露馅"，露出与它不动声色的外表相矛盾的东西。

也许实体性的建筑材料（石、木）的"酷"还主要是种视觉印象，在这种情形下的"酷"体现在被掩盖的和可以看见的东西之间的某种张力；当人们开始使用铸铁、钢和其它金属材质，进入比传统复杂得多的现代营造的时候，"酷"就发展出了另一重含义——理智和感知的分离，你所观察到的只是事物的表象，而它的逻辑实在在则是另一回事。在这个意义上"酷毙"的"白"不仅仅再是一种颜色，而是一重知觉的伪装，就像亚马逊丛林里青翠的虫鸟的保护色，风格和实质脱离了，自然和人工之间的差距变得不再重要，因为事物的表现形态现在就是事物本身。"酷"的要义大概也是如此。

这也就不难理解，"酷"更多地是种现代而非古典现象。当代设计师不遗余力地利用一切现有的技术手段创造出的"塑料感"，很难再用精美、昂贵来形容，但它们确实带来了古典体系里不可能想象的可能性。无论是用廉价的聚碳酯纤维板（其实就是我们口中低俗的"阳光板"），还是研发的新材料像透明混凝土，它们的血统并不高贵也不像原生材质那样罕见——它们根本就是"产出

量"而不是"储藏量"；但闪亮的复合金属镀层，或昂贵的人造树脂板材培育起来的新知觉，至少已经不再是单纯的"反光"或"通透"可以概括，它们涉及的视觉品质当然会引起空间"透明性"的讨论，但在这里面除了视觉的层层魅惑，同样有着一种使人沉醉的心理混融，九曲回转却导向无处，"酷"像一个深不见底的"表现的深渊"（abyss of representation）。

在北半球的城市住了许久，很久没有长时间地停留于南方了，也很久不曾在中国体验季候的转换。曾几何时，整洁沉静的异国北方对我来说反而是更具魅力的，但如今，我对于那种舒适却缺乏新鲜空气的室内的"酷"似乎已行厌倦，所以偶然回到成长过的地方时，陡然生发出了一种亲切感，也从一个设计师长期在电脑屏幕上玩的形式游戏里换换脑筋。毕竟，北美深秋入冬的风实在是过于严酷了，漫漫长夜的呼啸使人着实心悸。相形之下，无论是上海、香港、广州还是苏州的嘈杂街道——满满的人流，触目可见的、稠密不成行列的绿色——反倒显出一种使人缱绻的、浓浓的生机。对我而言，满地污水横流的庸常生活本是一种不能承受的累，也自是好不容易养成的理性的大敌，但是，在闹市街衢中偶然闪现出的一袭清隽的身影，却像听惯了粗声大气后再次听到悄言说出的吴侬软语，又不能不使人感到怦然心动……

有一次忽然回到香港工作小停，隔着摩天大楼整扇的大玻璃窗户——绝对隔音但又绝对透明，使你"入画"——望下朝这里出了名的市井遥遥望去，我忽然体会了别人评论纽约的那种情境，当你有足够的幸运不用直面苦恼人生，在三四十层的高度上，这些可望不可及的俗世的嚣扰现在重又是种音乐了。

被空间割裂的人生经验，最直接的物理知觉——不管是爱欲还是苦痛——的丧失，也许，正是"酷"的显要特征。 END

上海闻见录·我家附近

撰 文 | 俞挺

俞挺

上海人,双子座。

喜欢思考,读书,写作,艺术,命理,美食,美女。

热力学第二定律的信奉者,用互文性眼界观察世界者,传统文化的拥趸者。

是个知行合一的建筑师,教授级高工,博士。

座右铭:君子不器。

昌平路

我住在静安区昌平路上。附近的静安工人体育场是个出租率颇高的场地。门前的空地自然是欢快的大妈们练习各种技艺的去处。不过场内场外的人大多不晓得,体育场以前是公共租界的公园。这里安置过淞沪抗战中坚守四行仓库的谢晋元以及战士们。谢将军被暗杀在这里,也曾埋葬在这里。体育场东侧的江宁剧场,后来被改建成上海最早的主题酒店——以电影历史为卖点的常春藤精品酒店,可惜经营不善关门了。

昌平路的行道树是栾树,是上海比较罕见的行道树种。到了秋天,树冠顶着红黄的果实,摇曳在绿色上,颇令人陶醉。

昌平路1000号是一个小小的创意园区,沿街有个 chat tea house,是个小资的下午去处。昌平路常德路口的静安工人文化宫三楼是上海一级注册建筑师最熟悉的地方,每年的注册建筑师培训都在这里,看着边上的贵州菜馆变成高级的洗浴中心,原本边上颇著名的石库门餐厅也歇业了。

昌平路原本是条不起眼的小路,后被区政府经营成一条景观路,但过江宁路到苏州河边这一段没有改造,那些拥挤的里弄、噪杂但生机勃勃的市井商业,仿佛凝固在1980年代末。

康定路

平行于昌平路的康定路是我去工作单位的必经之路,由西向东单行。康定路的名气大得多,解放前叫康脑脱路(Connaught Road),由上海公共租界工部局修筑于1906年,得名于英国驻华公使爱德华七世的兄弟之名。其中延平路以西路段属于越界筑路。1943年汪伪政府接收租界时改名康定路。

康定路上的同济佳苑是上海最热闹的酒店式公寓,楼下的餐厅已是外国散工们的天下。康定路延平路口的美中美牛肉拉面馆算是上海最好的拉面馆之一,开了十几年,看着老板从拖着鼻涕的熊孩子长成高大威猛的帅锅。

面馆旁边的吴苑饼家是少数还有些许1980年代上海点心店特色的饮食店,从小笼到生煎,馄饨肉包一应俱全。在质量普遍下降的今天,原本未见得好的吴苑饼家反而显得不算太差。他家的生煎如果是瘦子操盘的,那么还可吃吃,胖子不行。CNN推荐他家的蟹壳黄,我保留意见。

康定路江宁路口的祥祥糖炒栗子大约是上海最好的了,一年就做4个月,常常排队。老板娘面无表情,出手麻利,但东西是好吃的。栗子店对面是艺海剧院,方案是我做的。我迄今还记得1998年晚上被要求到虹桥迎宾馆向副市长汇报方案,当时会上提到这个地段,仿佛是哪个蛮荒之处似的。

在栗子店西面对过的马路,如恩设计公司改建了一栋老房子,将他们起家的设计共和家具店和设计部门移入,并请了水舍酒店的餐厅主厨开了一家上海最好的 tapas 餐厅——食社,居然不接受预订。如恩自跟随后现代主义大师格雷夫斯从外滩3号项目进入中国后,以家具品牌代理起步,因为水舍一战成名,如今成为上海外籍金领最喜欢的设计公司,也是异类。他们公司总部在余姚路上。

康定路过了泰兴路就叫康定东路了,原本是著名的洗车一条街,现在被清理了。康定东路87弄,现在的社区文化中心,原址是张爱玲的出生地。它斜对面是整修一新的康定花园。它对面的沿河建筑大多被拆除,建设了一个绿地,保留了两栋老建筑,被修得崭新崭新的。在康定东路上,离苏州河如此之近,却不得而见,只有绿地上那个庞大的壁喷泉偶尔嘈杂地暗示它的存在。

武定路

从公司回,我一般选择由西向东单行的武定路。武定路其实也不算起眼,界面被不同时期修建的建筑打破,断断续续的。它的热闹也是断断续续的。武定路泰兴路有家坚持了几十年的皇中皇生煎馒头店,味道一般。

武定路第一段热闹的是陕西北路到西康路,其中550号是个小小的创意园区。第二段是常德路到延平路,由于大量外国散工聚集四周,所以这里出现了中低档的专为外国人和小资服务的店铺,比如 Mr Pancake。武定路胶州路口原本是建于1980年代的老厂房,现在模仿所谓旧上海建筑的细部改建成一个创意园区,原本卖五金家电的底层变成各种酒吧,其中一家越南米线店的老板和我同住一个小区,我在他家尝过老挝啤酒,不好吃。我从照片上推测,郭敬明的某个工作室应该在这段,而中共中央特科旧址也在这段,这段是当年周恩来、陈赓触摸的地方。

武定路最后一段热闹的地方在万航渡路江苏路,沿街立面均被美化过,设计一般,但毕竟打理过,倒也可人。这条街上著名的大约是勃逊餐厅。一家提供法国乡村风味的餐厅,占用了街道行道树违章搭建了部分商业用房。老板不接受不预定的客人,礼拜天打烊,骄傲但开了十几年,菜也不差,好过上海许多装洋蒜的法餐厅多多。

我对武定路的记忆莫过于武定路菜场。鱼贩老周教会我如何辨别细鳞黄鱼和黄鱼、油带鱼和普通带鱼的区别,口味相差巨大。

新闸路

新闸路是太平军进攻上海,上海公共租界工部局向西越界修筑的数条运兵道路之一。新闸路1010号,是李鸿章最著名的幕僚盛宣怀的养老寓所之一。1935年,阮玲玉在新闸路沁园村9号(靠近昌化路)自杀。我党早期领导人罗亦农一度住在新闸里28号,后在戈登路,就是江宁路的望志里被捕。

新闸路西头和万航渡路交汇,路口有著名的一师附小,许多家长不得不在延平路的三和花园置业,就是为了让小孩能就读这所著名的小学。武宁路以西的万航渡路435号,现在是学校餐厅什么的,1937年~1945年期间却是臭名昭著的特务组织所在地极司菲尔路76号。新闸路泰兴路的中华新村,据说是康有为曾经住过。对面的新福康里曾是上海旧区改造的典范,其旧址曾经是个医院,霍元甲病死于此。

新闸路是条拥挤的道路,但在江宁路和昌

化路之间有个名为舒莱记的小店曾经是上海最好的生煎馒头店。现在在满是"拆"的沿街面上仍然维持着极小的门面营业，不过估计也坚持不了多久。

新闸路石门二路便是上海现代建筑设计集团总部所在地，中国最大的建筑设计公司，我曾经在这里度过了 14 个年头，总部的设计师是全国勘察设计大师唐玉恩女士，她最著名的作品是淮海路上的上海市图书馆。

新闸路还要继续向东延伸，最后在西藏路和北京路合并。这是另外文章的内容了。

延平路

延平路以前算是公共租界的西界。在上海黄金时代，延平路以西，江苏路以东属于三不管地区，是犯罪的高发地带。

延平路不长，到新闸路就结束了。街道尺度延续了旧时，两边充满了各种便民的平价小店，其中最传奇的是万红照相馆。从一个小店面的柯达冲印店到提供写真和数码打印一体服务的综合照相写真馆，许多日本人根据日本人的上海秘笈到这里来拍中国古装写真集。他家的大摄影棚在武定路上。

延平路上这十几年最晃眼的建筑是有着金色屋顶的自然美总部楼，它公司简称 NB。

延平路有家叫 MERT 的理发店，是几个五大三粗的土耳其人开的，他们来自安卡拉，服务态度很好，说话轻声细语的。可以喝喝土耳其茶，价格有些贵。

延平路上有家上海比较好的面包房法味朵风，法国人开的，它和谐地与上海本地品牌静安面包房门店共处，本地人各取所需。

延平路 98 号是个小创意园区。其中的寿司馆和一家意大利餐厅是我的一个曾经的邻居开设的。这个光头法国人在 13 年前来到上海，和上海人结婚，从一个 DJ 变成一个成功的商人。那段时间算得上上海的一个小小的黄金期。

胶州路

胶州路由上海公共租界工部局修筑于 1913 年，得名于中国山东省地名。我很少去昌平路以北，所以我描述的纵街大都是昌平路以南的。

胶州路上有家社区食堂，是政府为白领提供平价午餐的去处。旁边 2m 的门面开了家红酒店，打理的是来自加州的美国人。

胶州路最热闹的是武定路到北京路一段。从南往北，有着几家 DVD 店，尽管比不上著名的新乐路和大沽路，但也品种齐全。这段最著名的是 UBAN 精品酒店，改建自邮局，是个法越混血打理的，帅哥。但他家的餐厅一直不灵

光。他家南面有家哇啦，主厨曾经在金茂混过，是个四川人，所以他家的 pizza 会配上一碟辣椒酱。他家 pizza 进入不了上海前五，但也算不错的。紧邻大门北边有家足摩店，现在成为悠庭的加盟店。悠庭的第一家店在东湖路，大约开在 10 年前，是个新加坡人原本打算小打小闹的，结果成为上海著名的中高端连锁 SPA 足摩店。UBAN 对面有家不错的意大利 pasta 小馆，旁边是浜餐厅，网上推许他家的猪扒饭，个人觉得不如玉房和银座梅林远甚。

常德路

原名赫德路（Hart Road）的常德路上最著名的是张爱玲故居——常德公寓，195 号，孤零零地矗立在一堆半旧不新的大楼中。一楼有家书吧，咖啡一般，氛围不错，毕竟感觉与大作家同在焉。一楼还有家瑞士酒店的面包房，偏甜。北边就是瑞士酒店。南面过南京路，常德路将展示的是上海未来的 high street 形象。这要另开一节介绍。

常德路昌平路一带呈现的是上海市井和新型商业区犬牙交错的形态，但不是我的活动范围。我的导师邢同和住在常德路路尾的半岛花园。

常德路目前最热闹的是改建厂房而成的 800 秀，中心的大厂房成为上海出租率最高的秀场。不过 800 秀的改建设计尽管不错，但一直缺少好的餐饮。当然，其中专营北美冰酒和美国红酒的北美酒庄还是值得一试的。800 秀里有家泰国餐厅，经理和我绝对有缘，我们总在事先不知的情况下在他服务过的各家餐厅碰面，这个在上海 20 年的瘦削的印度人操着流利的上海话讲"我是上海人"。

西康路

西康路是条弯弯曲曲的小路。余姚路西康路曾经是热闹过几个月的同乐坊，没能成为新天地，就连 800 秀也比不上，大约只有上海最著名的夜店缪斯撑场面了。昌平路往南的西康路在康定路以北约略可以走走。

武定路附近有家葡萄牙餐厅，路口是家开了 N 年的新疆餐厅。其实较好的去处是沃歌斯利用厂房改建的 225 号，La Strada 算是上海三家最好之一的 pizza 店了，不过西康路的比不上安福路总店。安福路的主厨是个安徽人，和澳大利亚老板一起改良了饼皮。La Strada 的股东是沃歌斯。13 年前，老板娘在中信泰富地下室亲自打理第一家店。她短发，干练，皮肤黝黑紧致，不算美人但吸引人，不苟言笑。先生是荷兰人。经过 13 年，沃歌斯成为上海滩

最著名的连锁西式简餐店。他们后来还创建了 baker&spice 面包连锁店，和沃歌斯一样满足中端市场的需求，但不吸引我。他们最成功的莫过于在安福路上的韦栗士餐厅，上海最好的 tapas 西餐厅之一，楼下就是 pizza 店和面包房，二楼日餐厅和泰餐厅一直不温不火。后来他们在芮欧百货北面开了家日餐厅。他家主推的猪排饭比不上浜，但饭好吃。上海真是给了许多人机会。

西康路原本主要集中在北京路南京路一段最热闹，恒隆和上海商城把住街头，所以沿着西康路都是服务商务中心的各类食肆，其中怡琳可以试试。南阳路西康路口的糍饭团算是上海最好的了。靠近北京路的拿坡里餐厅风格奔放简单，具有意大利街头小店的特点。其实这段西康路远不如和它相交的南阳路来得繁华。南阳路是南京路以北，上海夜生活最精彩的街道。

陕西北路

陕西北路旧名西摩路，大约是几条马路里名气最大的，历史遗迹众多，小店也鳞次栉比。这需要单独开一节连带陕西南路详细描述的。

江宁路

它于 1900 年由公共租界工部局修筑，以英国洋枪队首领戈登名命名（Gordon Road）。1943 年，汪伪政府接收上海公共租界，将其以江苏省地名改名为江宁路。

戈登，常胜军统领，协助李鸿章镇压太平天国，黄马褂，顶戴孔雀花翎，提督，之前作为英法联军军官执行了烧毁圆明园的命令，尽管他说过"你很难想象这座园林如何壮观，也无法设想法军把这个地方蹂躏到何等骇人的地步……而法国人却以狂暴无比的手段把这一切摧毁了。"他曾经告诫李鸿章"中国有不能战而好为主战之议者，皆当斩首"；也因为李鸿章杀害太平军降将而要和他决斗。他最后在喀土穆，作为苏丹总督死于马赫迪起义中。他临阵指挥时从不带武器，只是手中挥舞一根藤杖。他在己方被称为"正人君子"，在敌方则是"刽子手"。在英国的历史里，戈登是"英雄中的英雄"（语出英国首相格拉斯通），维多利亚时代的楷模。

江宁路的尽头是南京路，左边是梅陇镇，右边是中信泰富。美琪大戏院 3 年前是上海的文化地标，因为周立波在这里演出脱口秀，现在已是笑话。

我最喜欢坐在胶州路昌平路口缪斯咖啡二楼，树梢正在脚边，喝喝水，盘桓个下午，生活就是如此，简单点吧。END

隐遁江南

撰　文 ｜ 谢静
摄　影 ｜ 李红
资料提供 ｜ 富春山居度假村

　　马可·波罗曾把以丝绸和龙井茶闻名的杭州描绘成天堂之城，而700年后古雅的富春山居度假村则诞生于杭州郊外，这个隐匿在富春江畔一处宛若世外桃源中的现代居所。

　　这里也曾是元朝四大名画家之一黄公望的晚年隐居地。在马可·波罗离开杭州半个多世纪之后，别号"大痴道人"的黄公望携其好友无用禅师来此，以八十高龄完成了一幅长达6m的《富春山居图》。画中峰峦旷野、丛林村舍、渔舟小桥，或雄浑苍茫，或清香飘逸，都生动展示了那翠微杳蔼的优美风光。600多年后，这些景物连带所呈现的那份悠然自在，以另外一种形式带出了画作。

从上海自驾过来，一路越来越荒凉，总担心开错路，结果，从小路一点点绕进来，发现别有洞天。这里的建筑，整体的风格都与周边格格不入，自成一体，很有世外桃源的感觉。

很难想象，富春山居已开业近十年。如今看来，它仍然非常出色。酒店设计是由Denniston International 首席设计师（Aman 集团指定设计师之一 Jean-Michel Gathy）规划，她以《富春山居图》为蓝本，运用西式的当代设计理念呈现出了马可波罗的江南印象。

山居被巨大的阶梯茶园环抱，白墙黑瓦跃然于青山画卷之上，悠悠画舫拨动着绿水潺潺乐曲。在精致淡雅中，带领心灵走入世外桃源，遥望云山坐看流泉，品一品生活情味。其整体规划布局更多采用的是中式园林布景的手法，曲径通幽，很多位置都是360°环绕景观。建筑的色调汲取了当地传统民居的黛瓦白墙的美学意向，使建筑景观呈现出朴素淡雅的气质。建筑傍水而居，开门就是水，很有江南的特点。俯瞰屋面更有民居的感觉。

在高尔夫会馆码头或者酒店码头则永远停着一叶扁舟，无论是否有客人，船夫都会将这叶扁舟从这个码头摇到另一个码头。这是我第一次坐在船上望着富春江的两岸，从某种角度来看，船夫的划船术可以理解为一种表演，而这样的表演更令人可以浸淫至黄公望的《富春山居图》的意境中去。

行走在富春山居内，处处是一步一风景，一室一风情。无论是桑拿房、健身房，以及附属的室内恒温游泳池，都将窗外的秀丽风景引进室内。室内温水游泳池是富春山居的一大亮点，这可能是目前我见过的中国最美的酒店室内游泳池。泳池馆内的特色是采用漆木条为支撑，搭建了一个传统的木支架穹顶，下面是由黑色马赛克装饰的泳池，四周点缀着石刻雕像和舒适的躺椅。泳池露台设有两个室外按摩浴缸，可遥望群山。

别样
四合院假期

　　恢宏的室内廊柱、泳池庭院是富春四合院的点睛之笔，别墅坐落于风景秀丽的山麓，坐拥高尔夫球场的壮美景色，周围山峰环抱，富春江全景静卧眼底，是绝佳的独处和省思居所。依照中国传统乡村风格，四合院别墅被分成小群落，每间别墅都配有私人庭院花园，屋外白墙灰瓦，翠竹摇曳，沿袭了宋元时代简洁和优美的风格，别墅的私密入口都有竹林导引宾客入内。

　　别墅内基本都是四间卧室，可容纳8位客人。最特别的是，它们都有室内温水泳池庭院、壁炉。管家和专属厨师会24小时在别墅厨房内为客人精心准备美食，据说，他们非常辛苦，24小时随时为客人准备龙井茶，即使半夜三点，管家也必需在住客要求下，每隔15~30分钟添加热水或者更换茶叶。

　　在秋高气爽的秋季，富春江有个特别的玩法——骑行富春江。度假村的向导带着我们沿着富春江畔，到隔壁的山边小村落，探望黄公望晚年结庐处与其人文纪念馆，在此探访古人历史，巡礼名画《富春山居图》之根源。

　　入夜，沿着度假村内的湖畔，伴随着月光，柔美的月光映射着波光粼粼的湖面与对岸如汉唐宫殿般的富春山居酒店主楼。与湖对面辉煌的酒店灯光相比，沿岸的草坪仅仅用火把装饰，在这样的绝妙氛围衬托下，更能显得看星星的夜晚更加完美。躺在度假村为客人专门准备的躺椅上，在星空下喝着晚安热饮，确实如桃花源般跳脱了尘世纷争。END

Tips:

富春高尔夫：富春山居高尔夫球场由 Daniel J.Obermeyer 设计，是中国唯一以丘陵地形茶园为主题的国际标准高尔夫球场，规划为 18 洞，标准 72 杆，球场位于茶园景色的环山之中，在茶树清香气氛中，每一洞都充满挑战与期待，高尔夫球场另附设二层式练习场，有 USGA 高尔夫计分系统及影像教学并配有专业的高尔夫培训专案及职业教练，使客人能够完全感受到高尔夫球的魅力所在。

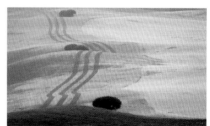

SPA：富春山居 SPA 以纯净天然的植物薰香精油引导，结合中西调息理论，配合精致而专业的按摩手法，舒缓身心压力。富春山居 SPA 包含元气平衡按摩、薰香按摩、富春经典综合疗程、杭州蚕丝裹体、九种特色面膜、头发和头皮护养以及龙井足部释压护理。

亚洲餐厅：位于酒店二楼，三面环湖，餐厅主厨团队严选各式新鲜食材，保留自然特色，供应多样化的亚洲风味美食，主推龙井虾仁、富春东坡肉、宁波炒年糕、广式蒸桂鱼、尖椒牛柳。

湖廊居：坐落在富春山居的湖畔半开放长廊，拥有最佳观湖视角，可于露台享用精心制作的阳光早餐，亦可品尝鲜榨果汁、咖啡及西式简餐。

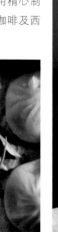

到达：

从上海出发，沿沪杭甬高速，杭州绕城 / 杭州北出口处，沿杭州绕城行进，富阳 G320 出口出，再往市区西湖方向，沿沿江公路往富阳方向，即可达酒店。

地址：中国浙江省杭州市富阳市东洲街道江滨东大道 339 号

电话：+86 571 63419500

网站：www.fuchunresort.com

登高赏秋套餐

三天两晚登高赏秋——人民币 46 000 元 +15% 服务费，自 9 月 15 日至 10 月 31 日，包括：

富春四合院住宿两晚

专属厨师烹调别墅晨曦早餐（最多可供 8 人使用）

别墅内酒水服务费礼遇

24 小时专属管家贴心服务

别墅独享每日晚安赠饮服务

杭州时令新鲜水果及特色小食

高尔夫草坪星光夜游

骑游黄公望纪念馆

杭州萧山机场或杭州高铁接送服务

无度乎？有肚乎？

撰 文 ┃ 雷加倍
对谈时间 ┃ 2013年9月12日

雷 好久没有出国了，在中国做设计仿佛在过荒淫无度的生活，月底出去看看，当作一场修行，清一清肠胃。

昨天黎明回复我的微信"套句《抓壮丁》里老栓的川味切口：现而今眼目下……这是一种改变设计思维的探索！我隐约感觉设计再这样呈现是不是会出问题！也许是噩运没波及过来还能混混，但老方式在新浪潮里怎么应变好像大家都没意识到！看看当代艺术的路径可知设计的问题挺大的，大部分设计师还是僵化的酒店式设计思路，还五星的！摸路径，我迷茫……"

倍 就是你反复提及的"设计的度"的话题……

雷 中国的设计就是个禁欲到纵欲的过程，而厌了就开始有了设计的度，最终到设计的信仰。

倍 非常同意这个说法。建筑师也一样。那么雷现在在欲望的哪个点上？我现在纵欲的阶段过了，面对有要求的业主，就显得力不从心。

雷 我以为我是个过度消费设计资源的人，但在中国总让我觉得不够，为什么？是因为我们爱这土地爱得深沉？还是幅员辽阔？世界如果都是扎哈般的设计，是否也会有伪欧式的不真实？

倍 扎哈是欲望非常强烈的那种人，生命力也茁壮，她的各种姿态和想法，关键词是颠覆和独特。其实追求独特也会影响节制，节制产生度。

雷 设计的度，温度、湿度、承受度、实施度？度己及人？还是做设计的态度？纵深谈历史，横向谈西东，或许中国设计的繁荣与度有关，但有时又太牵扯太私人的方式，"度"有时是文化人的修养，有时又是曾经沧海的故意，但都与审美有关……

是什么影响着我们近几百年的审美？祖宗留下的东西，可见的宋式的营造，明代的家具还是清末的繁复腐败的气息？

倍 忘了谁说的了，中国文化到南宋陆秀夫背着小皇帝跳海就断了，明的简约失之刻板。清就沦落到一塌糊涂。每个阶段的文化反映的都是无法离开当时的环境，就像一个生命体的某个阶段的选择是它的过往经历和目前生命能量的反映。明的富有，对教育的重视和民族性上

的宽容，哺育真正意义上的士人、文人，哺育了真正高贵又有力量的简单，虽然不如唐宋时期的生机盎然，唐宋时候没有八股考试呢。清朝就非常认可白卷英雄了，奴性开始大肆盛行，整个社会的风气是严苛的、精谨的、市侩的，人们更加需要繁复，琐屑的豪奢预示着没落，呵呵，和现在有些相似。

雷 所以我们可以谈谈李叔同，如果真如传记所述，曾经沧海方可有度，但那些度是设计师所要的吗？

倍 李叔同修行的境界不算高，但确实令人敬佩。有度的设计需要为有度的人和有度的生活服务。十几年前我看到金碧辉煌的目瞪口呆实际上是被那种生活折服了。

雷 最近看了福斯特做的 ME 酒店，建筑师的度和艺术家的度有时是不是两个概念？达芬奇与雷诺阿，密斯与毕加索等等在当时那个世界眼中一定也是无度的人。所以如果单从喜欢的角度，我或许也会走上无度到有度的过程，或许是心灵被阉割了，或许厌倦了。

倍 密斯是革命派，但还是比较节制的。阿道夫·路斯（Adolf Loos）的"装饰即罪恶"属于社会纵欲后的结扎手术，人和建筑都简薄。冗繁削尽留空瘦，浪子回头才有价值，否则老惦记着那一口，设计中总有馋相。

雷 对了，需要富养？

倍 反思度的问题，就像是雷喝酒，明明有两斤的酒量，可是开始选择小啜甚至不喝。明明身边有一二十个姑娘，开始选择从一而终或者当和尚。

雷 所以我隐约喜爱菲利普·斯塔克松弛的肚皮，如同在后宫寻欢之后，金色、亮色、水晶、纱幔，但是另一种审美的分寸与清水混凝土的干瘪精神同在。

倍 我同意。每个年龄和时代的偶像也都折射出社会和个人当下的状态。年轻人血气旺，要欲望号街车。

雷 而我当下总也觉得要收山，却还有很多题材没有触及。或许在设计上回到青年时代，什么都有度地试一试，比少年更美妙的松弛。

倍 美妙的松弛，我喜欢这个说法。年老肚皮衰弱，精神成长了，就像战国的箭神成名后从

没用过弓箭。弘一的字，八大山人的画，不就是年轻人学不来的么。董桥说：年轻的时候学弘一的字，写啊写，觉得很像了，被一个长辈看到后说，他的字断了烟火气，你写不了。所以可能设计是自我对话和成长的道路、工具，成长透了，就丢了吧。

雷 回归路上都是自审的更新。

倍 回归路上也困惑。

雷 想想二十多岁时心中有无知的向往，而现在有笃定的虚空。"度"如果转化为沧海，我只取一瓢，万钧我命悬一线，也是好玩的事。但松了的肉再炼紧实，总失了些原本的趣味。

倍 我记得十二年前经常码点字，有一次给一个已经被叫做大师的朋友捉刀，写他的一个办公空间设计，我那一顿描述，意义解剖，如今想起来真是惭愧，真是无度的挥洒设计说明。说来也奇怪，做设计多了，就没有设计评论的心了，就不那么大惊小怪了，文字和设计都是，不要惊怪到别人才好。

雷 所以中国的设计不差实践者，而在等待总结者，从外星球的视角去看细微，或许我们在自然地良性生长，置之度外方可绝处逢生。

倍 雷的设计在哪个度上。

雷 我的设计在无度到有肚的路上。 ◨◨

"木竹东西" 杭州设计师私人收藏展
——活在南宋遗风生活轨迹的当代标本

撰　　文	沈丽
资料提供	典尚设计·山水设计·合艺建筑设计
文字素材	郭靓、姚静

对生命地球的人类而言，人们可以没有金子，但是他们不能缺少木竹生活。

木竹以品牌奢华为价值核心并还在不断影响当下人们生活的主流方式，此次设计师关于"木竹"的收藏展，不仅表达他们的职业唯美判断，更是一次重新梳理文明社会进步价值观的有益活动。

扫录与创花，在"木竹东西"主场建中，900年前的南宋遗址古院演绎这一场传统与当代的空间装置秀

　　2013 年 5 月 4 日，以"木竹东西"为主题的三位杭州设计师私人收藏展，记录和见证了杭州 100 位参与者的南宋生活方式。

　　这是继 2010 年秋天，陈耀光、陈林、金捷三人在杭州举办的第一回"雅集心悦"私人收藏展之后，为他们今年 5 月宸金艺术画廊开馆专门主办的第二回，也是一场自娱自乐的开幕活动。"宸金"二字取义于陈耀光、陈林与金捷的译名，2 位室内设计师与 1 位建筑设

计师，他们各走自己公司创业之路，却是长达二十几年的生活好友、茶友酒友，收藏更是他们的同一调性。他们共同被时间吸引，对老器物着迷，三人的收藏不是因为稀有，也不是投资增值，只为物件背后的故事和情感。此次第二回展览，展出了来自欧洲、日本和中国的专业领域的木竹器物，以温和的共性，传递出"传承与尊敬工艺"的初衷——对人类生活而言，人们可以没有金子，但不能缺少木竹的生活。

宸金画廊 3 人：陈耀光、陈林、金捷

木竹珍藏室内外　　　　　　　　　　　　　宸金画廊开幕现场

167

纯粹与简单的收藏

说起"木竹东西"这个展览，最早可能是一年甚至更久远前。二陈一金，他们的工作是简言概之，是一个想法。那些想法必须抵御时间。我想应该是这样的，在不断寻找最前端的抵抗时间的过程中，他们自然而然地被时间吸引，对那些任由时间为之镀上金边的老器物着迷。老器物必然讲述悠长久远的故事，文字与情绪在包浆之下涌动，他们笔下的建筑与空间，也必须有这样的故事。

于是，两年以前，他们已经开始整理碎片。待到故事成型，已然是2013年的春天。

这期间，他们去过日本、东南亚好几次。金会在微信里描述京都的线条，古拙或者新奇。二陈给我的感觉好像是更为愉快的放风时间，声音应该和酒精一起高过八度。一次次的寻访，樱花与枫叶之外，还有藤制的篮子、端正的漆器、巴厘岛上古拙的原木器物等等，那是切切实实的日常生活。

不止日本。欧洲也爱木，但他们的木器带着更多的宗教色彩，木版用来讲述一个个圣经故事，罪与罚、奉献与救赎，残墨尚存，那是无懈可击的精神生活。

还有传承与尊敬。一把小提琴，来自他们的授业之师和精神引领，业余之作却显专业精神。

这便是最后的"木竹东西"，一个以木与竹为主题的三人收藏展。

大家也不可能去细究，到底是谁的木，谁的竹——它们有一样共性，就是触觉，温和且落落大方，本性与时间缺一不可共同完成了它们。那也是这三位设计师，长达十几年甚至几十年的时间，工作生活旅行伴侣，饭友酒友，最后连收藏都成了各自精彩的同一调性。陈耀光说，我爱的是物件背后的故事；金捷说，我爱的是物件背后的工艺；陈林没和我说过，不过另外两人指证说，他比较多元，我会联想到他通常爱做的空间，比如玉玲珑，每一样东西倒也让人叹一句，唯有在这里出现最好了。

这就是他们用了很多时间的展览。想主题用了很长时间，从"木作东西"改成了"木竹东西"；装修用了更长的时间，因为连酒柜放在哪里都需要事先想好，否则开展那天的香槟不够冻不够喝怎么办；把碎片整理成故事，用了更长更长的时间，每一件展品连标准照都是三人亲自拍摄完成，在展览现场打着灯拍的，开幕词写了又写……我们等它开幕也等了很多时间，从前一年的冬天等到了今年的五四青年节——木和竹们应该又熠熠生辉了一点，因为时间被用来敲打一个个片段一点点细节，现在他们三个依然可以用深情款款甚至打情骂俏来怀念这个过程，那就足够了。

```
        678
123     9
4 5
```

1 2010年，他们三人在玉玲珑餐厅的第一回——"雅集心悦"收藏展

2 2013年5月4日，在杭州西湖文化广场新开业的"宸金"艺术画廊，由韩美林先生题字的牌匾

3-5 画廊室内空间，由中国第一代室内设计资深前辈，金捷父亲金国光先生亲自领衔主持，这是两代设计人为保留传统手工艺悉心合作的空间

6 宽片竹编提篮，20世纪早期，四世尚谷斋造，直径17cm×高15cm，被认定高度表现这些技术的个人为"重要无形文化财产保持者"，俗称"人间国宝"。这个提篮就是"人间国宝"的作品。底部"四世尚古斋造"款识明晰

7 木雕对狮其一，清代，长40.5cm×宽20cm×高27cm

8 群虫图文手帕挂，紫檀木质。整架由8个部件组成。榫卯结构。绘精美虫草，长66cm×宽16cm×高54cm，工艺精湛，纹饰精美，寓意美好，实用之外更是一件绝好的装饰摆件

9 竹制镶象牙鸟笼，民国，直径23cm×高67cm；紫檀镶影木花几，清代，长17cm×宽15cm×高12.5cm

并非为他材质昂贵

亦非为了升值诱惑

是因为深沁木竹躯体中历久弥香的美丽故事

木竹是有生命和年龄的

我们深信这一点

当它从大地中被连根拔起的那刻

就以结束一段生命为代价开始了另一段生命……

——收藏者

1 2		8
3 4		
5		
6	7	9 10

1 三人现场互动分析晚会空间的理想效果
2 与金国光老师探讨画廊展示形式
3 踏勘空间，现场构思，绘制草图
4 实地测量晚会嘉宾入场通道
5 100 根毛竹的变身从这里开始
6 灯光、音响、投影、餐桌，从下午开始调试
7 24 小时内成形的竹木廊道
8 一片竹林，一地酒坛，极具仪式感的活动颠覆了原有的典尚院落
9 "朋友相聚·收藏友情"在这个生态自然的院落里将成为今夜必然的主题
10 竹木户外的自然属性在一个午后的阳光下瞬间穿入室内

24 小时的"园"

木竹以品牌奢华为价值核心并还在不断影响当下人们生活的主流方式，此次设计师关于"木竹"的收藏展，不仅表达了他们的职业唯美判断，更是一次重新梳理进步价值观的全新活动。

为了相约当晚 100 位杭州设计艺术人，口号定为朴素的"朋友相聚·收藏友情"。

在著名的南宋古村杭州凤凰山脚路——陈耀光的典尚公司后院，他们三人用了两天两夜，从画图纸到锯竹子以及最终搭架子，造了一个园：100 把扫帚、100 根毛竹、100 个酒缸、100 个脚盆、100 个小方凳、100 位朋友……在他们搭建的装置通道中，100 位朋友穿越"木竹"，抵达"木竹"装置的露天展示空间，这是一次收藏与设计的狂欢之夜，更是热爱生活、

喜爱艺术、珍惜友情、欣赏收藏的百位朋友们的狂欢，每个人都在讲述器物与友情的故事，构成杭州的生活图画。

尽管他们三人在业界都有一定的号召力，但此次活动没有出现任何一家媒体包括赞助商，甚至没有以崇高的名义为开张进行一项义卖，他们只想让朋友放松、尽兴……真正的南宋遗风影响着这个城市的性格也影响着这三个在西湖边长大的杭州设计师。

那一夜被记录了，因为被 100 位朋友真真切切地刻在了心上，第二天院子被拆卸一空恢复了原貌，据说那是一次巨额的投入。这样的一期一会，人们借助了器物和仪式读懂了杭州人，这是真正活在南宋遗风生活轨迹上的当代标本。

170

　　这座只完完整整存在了不到 24 小时的园，设计了 100 个到访者的心。100 根毛竹在入口处搭建起了一片竹林。100 个酒缸在竹林里成了 100 盏温暖的灯火。进入是一种规划，在这个规划里，人们穿过林间小道，走过木栅栏构建的通道，飞扬着的白色布缦，流淌着的白色蜡烛，那幢 1950 年代建筑式样的办公楼好像凭空消失了，人们直接进入了木与竹的空间。

　　长桌上，对劈开的毛竹成了横贯桌面的烛台，白色的蜡烛跳动着火光，对面的人看上去笑意融融——那个烛台的高度，显然并非随意为之。

　　在另一个空间，原本是高大的树下随意散落的老石头，树间挂着白色的东南亚风格的灯笼，而在这个晚上，蓝色是这个空间的主基调，原本那些多少有些异域的风情全然隐去，100 把扫帚与大量的木工刨花在老石头间形成了错落有致的现代装置。木有了，竹也有了，展览的精魂似乎在这里延续。如此 24 小时能得以造园奇迹的诞生，这不仅是一种速度，更是他们三人做事的一贯力度，当然，相信他们三人内心一定会为那些当晚没有成为嘉宾的幕后造园者，那些众兄弟们的无私奉献而感谢。

　　有两块投影，"朋友相聚，收藏友情"，这是不断出现的主题词，在此之外，是那个不眠不休的两天两夜和这个温暖和煦的初夏夜。三

人的狂欢从画图纸到锯竹子搭架子——一显现，百人的狂欢是现场不断的闪回。用陈耀光的话说，你应该在这个夜晚读懂杭州人的生活意义，礼服亦可拖鞋亦可，朋友相聚就该如此——当然不会有拖鞋，我看到不少男人穿裙子，比现场女士们更好看。

　　那一夜的饮酒抚案大乐，不容赘述。

　　待到再次转进那条隧道，自然是恋恋不舍心情。主人陪着，定要一起走出竹林。啊，原来还有好戏，竹林外大大小小高高低低的木盆木桶放了一堆，走近一看，原来有水有金鱼，月光和灯光粼粼，大家要互相搀扶着保持平衡爬进木桶里合个影。那应该算是彩蛋时间了吧。 END

内应外合，一页十年
——内建筑十周年记

撰　文　｜　川原
资料提供　｜　内建筑设计事务所

　　果实成熟，不品尝不香甜，以辛勤的农夫之心，孕育、播种、发芽、灌溉、抽穗、守护、结果越来越沉甸，如今是该收获的时候了……此案（外婆家西溪天堂店）如导演可以用画面叙说印记，内建筑用空间给人们造一个回不去的混杂的新梦。——沈雷

　　经过 3 个月的设计，6 个月的施工，由内建筑设计的外婆家西溪天堂店于 2013 年 7 月 26 日揭开帷幕。虽然还是钢木、旧瓦、灰墙、装饰节制，在鲜明的空间设计逻辑之下，隐约间呈现的却是儿时那些柔软温暖的记忆和情绪。有建筑师看过现场后调侃"原来内建筑就是在房子里造房子！"

　　内建筑合伙人沈雷说，情感是设计的灵魂，而"内"这个字，有人与空间的关系，也体现人在空间中的两难，站在建筑与室内之间，或许那就是内建筑生存的有氧之地。内建筑另一

合伙人孙云说，我们一直在想怎么做空间，我们希望用建筑的手段做室内，而更少去思考那些很装饰性的东西。外婆家董事长吴国平则回想起 2006 年与孙云第一次见面，"孙云的第一句话就是'如果你要做欧式的不要来找我'。一直到现在，整整十年，内建筑依旧保持着自己独立的性格，一如既往地坚持自我。"

　　沈雷和孙云各自在建筑和舞台美术专业上经历十年思考、积蓄，并复合，而与外婆家合作的五年，外婆家的知人善用则让它能在独树一帜和反常规中，产生了一个个经典"外婆SHOW"，并在外婆家西溪天堂店有了一次集中的能量爆发和展现，如建筑师高蓓在《十年内外》中对内建筑的外婆家所做的生动描述"乡野的外婆，摇滚的外婆，摩登的外婆，醉里吴音相媚好的外婆，上海早晨中的外婆，竹林里的外婆……我们乐于看到她充满喜感的温情面

貌，骑自行车的外婆，编藤的外婆，描画笼雀的外婆，钢管控的外婆……"

　　孙云将与外婆家的合作称为"彼此合作的范例"。沈雷则以"信任就是简单"、"简单即永恒"说明内外的关系。正是各自的内外兼修，内应外合，水到渠成，完成了 2013 年 7 月 26 日外婆家西溪天堂店这场商业大戏。

研讨会主持高蓓（左），内建筑设计事务所合伙人沈雷（右）

一页十年：内建筑研讨会

　　在外婆家西溪天堂店揭幕的第二天（2013年7月27日），百余名室内设计相关人士包括室内设计师、业主、摄影师、媒体等齐聚LOFT49像素·光彩空间，进行了一场"一页十年：内建筑研讨会"，通过剖析内建筑，折射出当前国内室内设计行业的多种景象。我们通过摘选几段发人深省的发言，希望带给读者更多思考的空间。

■ 业主
周力明（沈雷留学归国后的第一位业主）：

　　1.孙和沈都是很简单、干净、纯洁的人，干净纯洁得近乎不真实，干净纯洁才能心有定见，所以才能有今天的成就；2.场内黑丫丫一大片设计师里，沈、孙二人决不是最有钱的，看来满足优裕生活后，最大成就和最多的钱就成了矛盾，因为对钱的欲望不是特别大，所以才能有所为有所不为，才能坚持信念、一页十年，才能在拒绝中与甲方、业主共同进步提高；3.社会进步带来平民时尚和设计需求，吴国平、外婆家的知遇与机遇让内建筑足以引领设计潮流，也让外婆家在赢利的同时站在时尚的尖端；4.吴国平可以完全不给沈雷任何限制，但我作为开发商不可以，开发商要帮业主选择设计师，所以不得不给设计师提意见，沈雷的设计相对年轻化，但遇到年龄稍大的消费群体，就会受到一些制约，这种时候，开发商不给他提建议

提限制，他就做不出好设计。

孙云（内建筑设计事务所合伙人）：

　　有人问我怎么处理甲方提出的要求和我们自身的关系，我说给他超出他想象的。

徐纺（《室内设计师》主编）：

　　内建筑是一个智慧的设计团队，如同雷云两人，智慧地选择甲方，智慧地选择项目，智慧地选择设计策略，智慧地选择生活方式。更感动的是，内建筑的人和作品更多地拥有了温暖和力量。他们一直坚持自己，肯定也放弃了很多东西。

■ 新思路的探索
陈彬（后象设计师事务所设计主持）：

　　到最后陈列出的外婆家西溪天堂店那种非常好的状态，我觉得有一个过程，要有多年积累，业主也可能有纠结、彷徨的过程。作为餐饮业设计师，站在他们店里，我经常会问自己一些问题，比如真的可以到处都这样做吗？我的答案是不能，只能在某个区域里做，但这种方式的意义在于，为行业特别是为餐饮业态提供了一种新的方式。内建筑做到了以设计的方式，挑衅规则、制定规则。

刘世尧（鼎合设计执行董事）：

　　看西溪天堂外婆家，我有一种看电影大片的感觉，里面用了很多电影的手法，很多虚幻和实体空间的转换，装置的运用，跟我们以前

1-6　"一页十年：内建筑研讨会"现场，及会后交流

内建筑设计事务所合伙人孙云（左）

做的是完全不同的感觉，感到挺震撼的，感觉设计师是在一种放松的状态下，作出了一个非常有趣的空间，这让我们去思考一种在设计上无拘无束跨界的可能。

吕永中（半木品牌创始人）：

年轻人可能没条件，但我们这些有条件的老人们就应该创造一种可能性，我自己也在尝试，餐厅为什么不可以做成这样，家具为什么不可以重新再做，看上去所谓定式、合理的东西，为什么不可以重新再定义，社会需要有人去做这个事。当然凭我们这么多年的经验跟责任，我们不会乱做。

我在复习现代主义的过程中，发现很多主义在传的过程中变掉了，其实这些主义里有很多深刻的道理，比如内建筑，首先建筑的意义是什么，建筑本来是物体，实际是行为，我还看到孙云做的东西谈的是关系，如果我们都回

到这样的命题去做，我相信老同志们能找到一些机会，创造出非常不一样的东西。

我从内建筑的设计，还看到很多跨界给这个行业带来的力量，平面不是简单的平面装饰，对窗格雕花的处理可以看出很多当代艺术、当代影像跟设计元素的重组，在这么短的时间，能够这样转换，还有建筑内的布局、功能、建构等，都看出他们的积累非常雄厚。我们不可能达到所谓的顶峰，但我相信我们能够承上启下。

■ 内建筑的未来

孙云：

内建筑下一个十年，我想我们想要的是更自由地做设计，让我们的设计更多地不露痕迹。前段时间有人问我什么叫时尚，我说时尚就是你对你所在的时代的先知性感受和自然流露，这个自然流露跟你个人相关，如果你存在那样

一个状态，流露出来的东西就是那样一个状态。圣经里有句话"你的日子如何，你的力量也必如何"，我觉得，我们在过什么样的日子，活出来的样子就是什么样的。

其实我们两个成长，也都各自有各自的问题，我们在问题里成长起来，但我们仍然可以在40岁的时候，尽量让自己自由，尽量让自己学习自由，做设计的时候，不管是对材料，还是空间关系、节点、色彩，我们都尽量放任自己。当然我所说的放任自己是有限度的，有限定是设计的动力。

沈雷（内建筑设计事务所合伙人）：

内建筑现在真的像一个发育的孩子，有无穷的能力，我们的设计师都有非常好的想象能力，我们可能渐渐走出了自己的劳役，去把以前的积累换成真实……我觉得我们这辈人需要去照应下辈人，要给他们未来，给他们希望。🔚

锐见未来：
飞利浦 "新锐照明设计师成长计划"

撰 文 | 时晴

20世纪90年代以后，中国的建筑设计行业随着改革开放迅速发展，紧随其后的国内照明设计行业亦如雨后春笋，迎来了一个充满机遇的黄金时代，众多设计师纷纷投身这个在中国尚属新兴的行业。但随着新项目不停上马，挑战也接踵而至，设计师们在快节奏的工作中来不及磨练技巧、充实自己，造成了国内照明设计在过去几年良莠不齐、缺乏规范的乱象。有鉴于此，秉承共享资源、共同成长、携手共赢的宗旨，飞利浦发起了 "锐见——新锐照明设计师成长计划"。于2013年4月底在北京启动，是国内首个综合性照明设计学习和交流平台。2013年8月8日，该计划在上海开启了第二阶段的活动。活动为期3天，分为同济锐见课程、项目实地参访和 "梦想讲台" 3部分展开。其中，"梦想讲台" 是飞利浦此次为青年设计师开创性地量身打造的中国照明界首档青年互动公开课，让学员们通过创新的综合性学习和交流，与业界殿堂级大师直面沟通、思维碰撞，成为今年成长计划的一大亮点。

飞利浦邀请到了中国照明设计泰斗、中国照明学会副理事长詹庆旋，美国BPI合伙人、照明设计大师周鍊，享誉世界的建筑大师Marshall Strabala，飞利浦照明全球副总裁、首席设计官Rogier Van Der Heide等十几位中外业界名师，为热爱照明事业的设计精英分享领先的照明理念、实用技巧和心路历程，分别就照明设计趋势、照明设计应用、室内外照明设计实例、自我成长等主题与24位学员进行了一场别开生面的脑力激荡。

对于国内照明设计市场在逐渐成熟中面临的机遇与挑战，詹庆旋认为，这需要照明厂商关注中国照明设计师的现状和成长需要，并肩负起与他们共发展的责任。与此同时，"中国的设计师要树立正确的照明设计理念，坚持自己的创作追求，不断提高业务水平，整个行业才能健康地成长。"

周鍊则鼓励青年设计师要 "自信" ——也就是坚持自我；同时也要 "无我" ——也就是适时放下执著。他认为 "设计不是consumption（消费），而是participation（参与）；设计有profession（职业）还不够，一定要有passion（激情）。光是用来感受的，除了功能性之外，情绪性也要顾及。对光的感受，是眼睛，头脑，最后是心。而设计师与客户的沟通，不仅是技术，亦是心态，要能够把心门打开。"

照明设计师符浩然作为学员代表，也表露了自己的心声："一个好的合作伙伴能助我在事业阶梯上更进一步，借助新锐照明设计师成长计划这一平台获得了与众多前辈充分交流的机会，这让我能从平时忙碌的工作中静下来，全身心地在汲取养分中实现自我的不断超越。"

作为全球照明行业的领导者，飞利浦一直致力于和中国设计师进行紧密的合作与创新，通过设计师专业水平的提升和照明解决方案的实力增长，来助推中国照明行业的发展。飞利浦 "锐见——新锐照明设计师成长计划" 将利用飞利浦120多年的照明应用经验和对中国市场的研究，从 "专业理论、项目实践、人脉资源和行业推广" 4个方面综合性地为设计师带来创新、优质的资源和机会，帮助设计师全面提升专业能力，进一步拓展事业空间，锐见卓越未来。END

靳埭强设计奖奖杯的诞生

撰　文 | 李昊宇

与靳埭强先生相识已有五载，他年过七十，神情矍铄，设计作品早已名扬天下，创立的设计比赛"靳埭强设计奖－全球华人设计比赛"（简称KTK）更是在亚洲设计界具有一定的影响力，参与的人数逐年增加，由原来的大学生设计比赛扩大变成了专业设计师比赛，在业内口碑极好，每年的主要评审都是全球范围内有成就的设计师。KTK在中国的设计高校中倍受关注，尤其每年在汕头大学的颁奖晚会更像过年一样热闹，来自全亚洲地区的获奖者都因为得到知名设计师的认可而感到荣幸。

2012年KTK收到设计投稿六千多件，再创历史新高。在颁奖典礼前的两个月，一次在和靳先生吃晚饭时提起了比赛的事情，他非常认真地提出的一个观点使我大为感动，他说一个得了KTK奖的人，一定很珍视它，会永远珍藏奖杯和证书，那么这个奖杯不管摆放在哪里，它的形象一定是醒目的、重要的。他提到以往的奖杯设计并没有特别强调这一点，所以他决定设计一座永久的奖杯形象，并且把这个重要的任务委托给我。按照设计师的职业程序我当晚就对他进行了访问，提炼出了靳先生对设计的5点要求：一是突出他的名字；二要有尺的形象；三是必须是立体的，突出形象；四是拿在手上舒服；五是摆放要合理。

通过对靳先生的访问梳理了我的设计五原则：

一、创始人靳埭强先生的姓氏K（粤语发音）的应用。打破了以往只用字母拉伸的方法解决立体空间的问题，用字母正反的变化进行围合，多角度多空间的表现，使得从任意角度看整个奖杯都可以看到字母K。

二、借用尺子这一元素表达设计文化交融。尺寸的确定是设计师解决问题不可或缺的一个重要工作环节，东方用尺寸，西方用英寸，两种工具的刻度在奖杯上同时呈现，是两种文化的碰撞，表示东西方设计师在创意方面具有同样的严谨态度。

三、造型计算黄金分割比例，顶面三角和底面三角的相似形比例是62：100，这里的构思完全满足整体上的完美比例。小面积大光影，利用形体和形体的相互遮挡，使得小面积在有限空间里体现最大的光照变化。

四、KTK三个字母的完整表达。除了各面均能清楚看出的字母K，奖杯背面的梯形设计是利用汉字同音所设置的设计小趣味。整体呈现12个三角一个梯形组成。

五、奖杯有多种摆放方式。整体构思是直立放置和水平放置的两种展示效果，能在种种状态当中得到突显，能在平易的摆件中略显孤傲。

最后我们还在揭阳地区找到做老秤的师傅手工敲入黄铜钉做标尺，达到尽善尽美。2012年颁奖典礼，特别为奖杯的启用设立了揭幕仪式，获奖者对这个奖杯赞不绝口，连终评评审、一位评委老师也打趣地说："应该也给评委颁发一个作为收藏"。

颁奖典礼之后，就奖杯的设计，长江工房的学生采访了靳先生，采访内容如下，与奖杯的设计一样，语言平实，但折射出力量与坚持，作为这篇文章的结尾，再适合不过。

Q 靳先生喜欢这个奖杯吗？为什么？

A 很喜欢。这个奖杯具有现代艺术美感，在精密的黄金比例构成中显出与众不同、出类拔萃的风格；在对称和对比的和谐与张力中，以中国的审美观体现出时代风尚，并将KTK的评奖精神表达无遗。

Q 为什么想在第13届KTK设计一个永久的奖杯？

A 过去KTK的奖杯是每年个别考虑的，也有一些好设计，但成不了一个可持续的独特形象。当长江工房要设计新奖杯时，我觉得是时候设计一个KTK的鲜明形象，就提出不要以本年度主题"水"为创意的重点，而集中在KTK一贯所追求的标准和宗旨上去创作。

Q 你觉得尺子对于设计师意味着什么？

A 对于设计师而言，尺是工具，对于我而言，尺是标准，KTK是建立标准的平台，而参赛者要有建立新标准的勇气。

Q 如果可以将奖杯延伸设计其他产品，你觉得可以是什么？

A 可以无限延伸，只要不会成为废物或公害。

Q 你想改变奖杯的材质吗？还是觉得实木是最好的选择？为什么？

A 木是自然的材质，有实在而温暖的感觉，当然也要是好木材，选择不好，或处理不妥善都有问题，工艺的要求也相对高。追求自然完美的质感，绝不简单。以其他物料塑造当然也可以，不同的物料都具有各自的独特个性，问题是怎样将其材质特性自然地发挥所长，而没有损失形态神韵，这样也不排除可求得更佳效果的可能。无论如何，设计者要在成本效益、坚实耐用、人文关怀各方面都认真考量。▪END▪

磊诺家具 2013 EVOLUTION NIGHT

2013 年 5 月 27 日，上海世博园区意大利中心，沪上顶尖室内设计师齐聚，参加了由磊诺家具主办的 "EVOLUTION NIGHT 2013" 新品发布及产品体验晚会。磊诺家具隆重推出由意大利设计师 MORELLO 设计的 E-PLACE 员工系统，独特的结构设计，形式搭配丰富、功能全面、拆装便利。设计感十足的斜脚框架，更是外观上的点睛之笔，为现代的办公环境营造出开放、轻松、高效率的工作氛围。磊诺亦向来宾展示了特别为金融系统客户服务的 DASO8 专业金融交易台。

飞利浦打造 Haworth 巴黎办公室

海沃氏（Haworth）巴黎办公室作为美国 Haworth 在欧洲的重要组成部分，主张以绝妙的灯光应用与建筑突出的线条和结构的美感，交相辉映出 "简约之美与上善品味" 的品牌诉求。飞利浦此次为 Haworth 巴黎办公室量身打造了创新 LED 照明解决方案。基于对品牌价值完美体现的追求，飞利浦照明深入考察了客户办公室不同区域的建筑特点，定制了与客户需求高度匹配的现代办公照明解决方案：从会议室、中央平台、开放交流区到开放办公区，飞利浦根据不同区域的功能需求，甄选各不相同的照明产品，打造效果各异的照明环境，避免了不合理的配置造成的损失及简单重复产生的枯燥，为员工提供明快工作环境，也实现了客户品牌对于品味的追求。

风语筑设计大楼在沪启用

风语筑设计大楼于 2013 年 8 月 22 日正式启用，该大楼位于上海市闸北区市北高新开发区，启用后的大楼集中展示了国内 200 多个省会城市、地级市、县级市规划和主要开发区规划。风语筑设计大楼主体为 11 层复式办公空间，建筑面积约 16 000m²，整座大楼是一个集设计、创意、艺术与娱乐四位一体的多元空间。大楼内每层空间均被划分成几个不同区域。由设计师打造的众多区域，从接待区到创意区，从活动区到休闲区、餐区，设计师将每个区域都定制成了一个鲜明的主题，绘画、平面设计、视觉设计或时尚的因素都融合其中。设计师的目标是创造一个好的设计和具有革新精神的空间，可以给员工动力，激发热情和最好的工作状态。因此，大楼设计突出公共空间，也由此说明这些都是 "以人为本" 而做出的设计。中国城市规划展示放置在风语筑设计大楼的展示厅，主要通过多媒体进行展示，重点反映各大城市特色。

第八届金盘奖上海赛区评选落下帷幕

2013 年 8 月 23 日上午，《时代楼盘》第八届金盘奖上海赛区评选如期举行。金盘奖以 "人文、科技、艺术、创新" 的标准评论项目规划的合理性，建筑、景观及平面设计的适宜性和优异性。经过初筛和二次评选，从 100 多个候选项目中评选出上海赛区年度最佳写字楼、年度最佳商业楼盘、年度最佳酒店、年度最佳公寓、年度最佳别墅、年度最佳综合楼盘 6 个类别的优秀获奖项。下午，主办方还举办主题论坛 "新城镇化下的大社区与小户型"，使与会甲乙方在沟通中促进了解，从问题中寻找新路。

戴昆携壁纸新作
《old fashion》上海首场开讲

由美国《LUXE 莱斯》杂志中文版举办，戴昆携其最新壁纸力作《old fashion》，主讲 "室内色彩设计学习" 于 2013 年 8 月 8 日在上海首场宣讲。戴昆不但展示了《old fashion》精美的系列壁纸，更将自己亲身经历的两年色彩研究和总结一并与众人分享，讲述色彩设计的流行趋势与时尚理念及色彩和设计在各方面的应用与实际案例。

DESIGN+BUILD '设计 + 建筑' 盛典

在 "100% 设计" 上海展暨国际家居装饰艺术展的基础上，加入绿色照明和木塑复合材料展后整合的 "设计 + 建筑" 展将于 2013 年 11 月的上海展览中心亮相。11 月 14 日~16 日，350 家参展商将在超过 20 000m² 的展区内向 15 000 名观众展示其原创家具、灯具、装饰材料、浴室 / 厨房、地板 / 墙面材料、智能家居和办公室装饰，并将通过提供完整系列室内与室外空间解决方案，提升参展者的投资回报率。

《Grand Design 创诣》
"手作新天地" 展览

2013 年 9 月 1 日，《Grand Design 创诣》杂志携上海新天地，诚邀 10 位国内外原创手作设计师，在新天地时尚购物中心举办为期 10 天的 "手作新天地" 展。展览以 "玩游戏——再造传统手工艺" 为创作主题，围绕 "质朴"、"玩酷"、"环保" 等关键词展开，以大件装置、静态作品、视频采访播放等方式展出众多原创手作设计。《Grand Design 创诣》和上海新天地希望通过此次展览，从精湛工艺、独特创意、别样趣味等方面，多角度呈现手作的丰富内涵，将手作推广成一个具多方延展性、大众喜闻乐见的时尚话题。

Hideca 产品发布会

2013 年 8 月 29 日下午，由上海福而威建筑材料有限公司承办的欧洲著名五金品牌 Hideca 产品发布会在上海国际会议中心隆重举行。素影设计顾问事务所设计主持王蔚对 Hideca 玻璃五金、地弹簧、移门、自动门、执手、小五金等系列产品给予了高度的评价及肯定；德国 BMH 大中华区首席代表 Mr. 官及 Hideca 外籍资深产品经理 Mr.Ben 对 Hideca 系列产品从不同角度进行了详细介绍；深圳装饰集团、中建四局五公司云南公司、上海浦东国际工程有限公司现场与上海福而威建筑材料有限公司就 Hideca 产品达成战略合作伙伴关系，并现场举行了签约仪式。

华伦家具上海旗舰店盛大开幕

2013 年 9 月 14 日晚，华伦家具（Lily's Antiques）在其位于浦东的上海旗舰店举行了盛大开幕酒会。充满中国韵味的传统手工艺体验、来自意大利的高级手工定制珠宝 Belita 珠宝秀、以及 ADFA 认证荷兰高阶花艺师 Grace Zhang 的花艺展示，为当晚出席的来宾带来了一次与众不同的家居艺术体验。

新落成的华伦家具上海旗舰店外观时尚大气，店内古典与现代、东方与西方的家具饰品交相辉映，呈现出带有传统文化韵味的摩登都市家居氛围和华伦别具一格的 "混搭" 家居魅力。品牌创始人权莉莉表示，华伦家具历经 15 年的经营探索，成功地将东方传统元素与西方现代审美相融合。据悉，华伦家具已在北京推广了多年的中国传统手工艺文化，也将计划于每月最后一个周六在上海开展传统手工艺体验项目，以让更多人学习了解中国传统手工艺文化。

屏风式工作位掀起一场办公家具革命

KOKUYO 国誉家具以其最新桌上屏风系统，向世界宣扬 "PEOPLE+DESIGN" 设计理念。圆形办公桌最大程度地减少长形传统办公桌所产生的空间浪费率，而不同的组合搭配也有效增加办公室有限空间的使用率，给严谨的办公环境提供更多创造的可能性和灵活性。全新的桌上屏风系统能根据不同的使用人数将一张办公桌瞬间实现各种工作场景所需功能。员工抬头可和周围同事交换意见，低头又能集中精力工作，配合使用各种材质的办公桌屏风有效提高了工作效率。KOKUYO 开放性、系统化、个性化的办公家具设计理念打破了传统的办公 "等级隔离"，使办公沟通更轻松愉悦。

17TH CHINA [BEIJING] INTERNATIONAL
WALLPAPERS
DECORATIVE TEXTILE &
HOME SOFT DECORATIONS EXPOSITION

第十七届中国[北京]国际墙纸布艺地毯
暨家居软装饰展览会

SHOW AREA
展览面积 / 120,000 平方米

NO. OF EXHIBITORS
参展企业 / 1000 余家

NO. OF BOOTHS
展位数量 / 6000 余个

NO. OF VISITORS(2013)
上届观众 / 100,000 人次

FAIR DATES / 展会时间
2014年3月4日-7日
Mar.4th-7th,2014

LOCATION / 展会地点
北京.中国国际展览中心[新馆]
China International Exhibition Center
[New Venue],Beijing (NCIEC)
[北京.顺义天竺裕翔路88号]------

Http : www.build-decor.com

Contact information / 展会联络：
北京中装华港建筑科技展览有限公司
China B & D Exhibition Co.,Ltd.

Address / 地址：Rm.388,4F,Hall 1,
CIEC, No.6 East Beisanhuan Road,Beijing
北京市朝阳区北三环东路 6 号
中国国际展览中心一号馆四层 388 室

Tel 电话 +86(0)10-84600906 / 0911

Fax 传真 +86(0)10-84600910

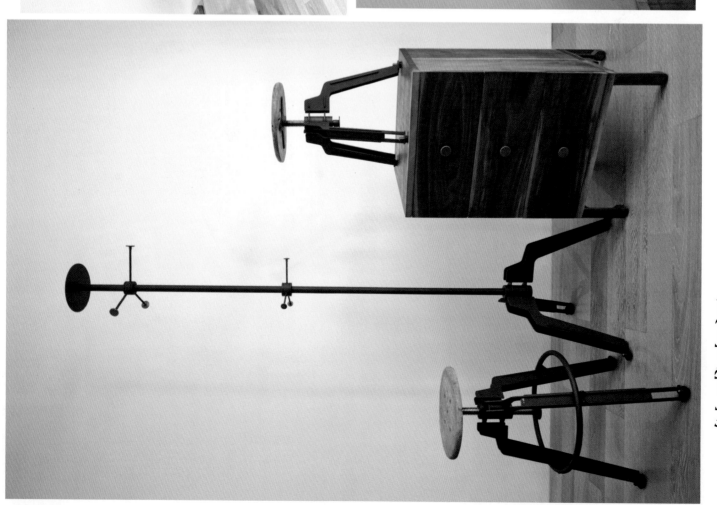

TOUCH FEELING   tel: 0571 85861409   www.touchfeeling.net

触感空间 家具

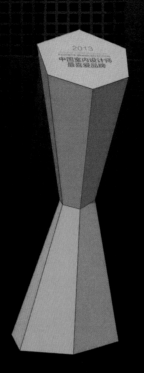

中国建筑学会室内设计分会（CIID）

"2013中国室内设计师最喜爱品牌"评选
入围品牌耀眼发榜！

只为找到支持中国室内设计行业发展的力量。

最终获评企业将获邀参加CIID2013哈尔滨颁奖典礼。

调查问卷发放45个地方专委，全面覆盖1、2、3线城市。
各地知名设计师领衔加入问卷填写，参与设计师超过10000名。
"中国室内设计师最喜爱品牌评选委员会"，由中国建筑学会室内设计分会（CIID）理事组成。评选委员会根据
"中国室内设计师最喜爱品牌"评选标准监督品牌评选过程，确保获选企业全心为中国室内设计行业发展服务。

—— 部分入围品牌 ——